高斋隽友
Elegant Friends for a Lofty Studio

胡 可 敏 捐 赠 文 房 供 石
Scholars' Rocks Presented by Ms. Hu Kemin

上海博物馆

Table of Contents   目 录

Foreword

Collecting and appreciating stones is a long tradition in China. As the quintessence of the tradition, scholars' rocks (*gongshi*), displayed as part of the accoutrements in a learned man's study, have found favour with generations of the literati.

Ms. Hu Kemin, a renowned Chinese collector of scholars' rocks in the U.S., has followed in her father's footprints, devoting many years to the collection and study of scholars' rocks. She has contributed substantially to promoting the culture of scholars' rocks in the West. In 2018, Ms. Hu generously presented her best collection to the Shanghai Museum to support our research on and display of the artistic practices of Chinese literati. The collection bestowed by Ms. Hu is mainly handed down from centuries earlier, which includes most traditional types such as Lingbi Stone, Lake Tai Stone, Kun Stone, Ying Stone, and other stone-like materials. Some of the rocks are inscribed by former collectors, and many are paired with original or old wood stands, which are highly valuable references for research and appreciation.

The Shanghai Museum hosts this special exhibition to express its gratitude to Ms. Hu for her remarkable gift. We have also selected some relevant rocks and paintings of stones from our own collection to make the show more impressive. Here is an aesthetic feast for those who like to appreciate scholars' rocks. It is yet another effort of ours to respond to the growing international interest in this field and, more significantly, to tell a Chinese story and promulgate Chinese culture.

Yang Zhigang
Director of the Shanghai Museum

前 言

中国文化中自古就有欣赏天然石的审美传统，陈列于书房雅阁的文房供石更为历代文人所青睐，是博大精深的赏石文化中的经典与精华。

著名旅美华人赏石收藏家胡可敏女士，承袭家学，长期致力于古典文房供石的收藏、研究与宣传，对中国赏石文化在当代西方的传播作出了积极的贡献。2018 年，胡可敏女士慨然决定从其收藏中挑选精品捐赠上海博物馆，以支持我馆在中国传统文人艺术方面的研究与展示。胡可敏女士捐赠的这批文房供石以传世古石为主，不仅有灵璧、太湖、昆山、英德等经典石种，也包括多种地方石种和陶、铜、玉、木等其他材质的仿石清供，一些供石上还有前人题刻，多有原配或旧配座架，极富研究和鉴赏价值。

为表达上海博物馆对胡可敏女士捐赠义举的重视与感谢，我们特别举办了本次展览，并从上博原有收藏中遴选出供石珍品及文人画石名迹共襄盛事。展览将在满足社会对传统赏石的欣赏需求、促进中国赏石文化健康发展等方面发挥作用，并与国际上关注中国赏石文化的风潮进行互动，是上海博物馆在中国古代艺术的专门领域中讲好中国故事、宣传优秀传统文化的又一创新举动。

上海博物馆馆长

杨志刚

About Ms. Hu Kemin

Hu graduated from Tongji University. In 1982, she moved to the United States.

Her father, Mr. Hu Zhaokang, was an eminent collector of antiques and scholars' rocks. In 1994, he donated to Guyi Gardan in Nanxiang, Shanghai, 76 scholars' rocks of his collection. Sharing her father's passion, Hu Kemin embarked upon her own path of collection of and research on scholars' rocks. Since 1998, she has authored or co-authored five books on Chinese scholars' rocks in the US.

1. *The Spirit of Gongshi: Chinese Scholars' Rocks.* Newton, MA: L.H. Inc., 1998.
2. *Scholars' Rocks in Ancient China: The Suyuan Stone Catalogue.* Trumbull, CT: Weatherhill Inc., 2002.
3. *Modern Chinese Scholars' Rocks: A Guide for Collectors.* Warren, CT: Floating World Editions Inc., 2006.
4. *The Romance of Scholars' Stones: Adventure in Appreciation.* Warren, CT: Floating World Editions Inc., 2010.
5. *Spirit Stones: The Ancient Art of the Scholar's Rock.* New York: Abberille Press, 2014.

To popularize scholars' rocks, Hu has donated her beloved stones to many institutions, such as the National Bonsai & Penjing Museum (Washington, DC), the Chinese Scholar's Garden (New York City, NY), China Institute (New York City, NY), the Yale University Art Gallery (New Haven, CT), and the Worcester Art Museum (Worcester, MA).

捐赠者简介

胡可敏

毕业于上海同济大学，1982 年起旅居美国。

其父胡兆康是沪上知名的古董、供石收藏家，1994 年将珍藏的 76 件供石捐赠给上海南翔古猗园。受父亲影响,胡可敏开始了供石的收藏与研究。1998 年以来，她在美国出版和参与出版了五本关于中国供石的图书：

1.《供石观》
2.《从素园石谱看中国古代供石》
3.《现代中国供石收藏手册》
4.《顽石山房藏石心路》
5.《石魂——中国古代赏石》

为了让更多人能欣赏到中国供石，她先后向美国华盛顿国家植物园盆栽及盆景博物馆，纽约斯坦顿中国花园，纽约华美协会，耶鲁大学美术馆，麻州沃斯特美术馆等处捐赠中国供石。

代 序
说赏石中的"包浆"

On the Appreciation of the Patina of the Rocks: In Lieu of a Preface

朱良志

Zhu Liangzhi

《桃花扇·先声》："古董先生谁似我？非玉非铜，满面包浆裹。剩魄残魂无伴伙，时人指笑何须躲。旧恨填胸一笔抹，遇酒逢歌，随处留皆可。"这里以"满面包浆裹"形容一个倔强的书生，孤迥特立，任性自然，虽经岁月沧桑，仍以剩魄残魂傲对江湖。古董排场，包浆款高，中国人对包浆的挚爱，真是一篇有关艺术的大文章。

包浆，又称"宝浆"，是古代家具、瓷器、青铜器等鉴赏中的术语。在赏石中，包浆也无处不在，不仅赏砚重包浆，案上的顽石清供不离包浆，就是池上之物假山，也以包浆为贵。有包浆，石方有风韵。

这里以石头包浆为切入点，从一个侧面解读传统赏石理论中以石为友、石令人隽、石令人古三个命题。

一、以石为友

传统艺术重包浆，根源于中国人视人的身体与世界为一体的哲学。作为自然的一部分，人的肉体生命与大自然中的一切，都秉气而生，相摩相荡。老子的"为腹不为目"，说的就是这个道理。人不应"目"对世界，那是一双满蕴着高下尊卑、爱恨舍取的知识的眼，将世界视为外在观照之对象，而应以"腹"——以人的整体生命去融入这个世界。

正是在这个意义上，中国人特别重视触觉的感受。感受石头的包浆，以肌肤去触摸它，感受它，进而融入这个世界，所重在一个"泽"字。泽，所强调的是生命气息的氤氲。明张丑说："鉴家评定铜玉研石，必以包浆为贵。包浆者何？手泽是也。"[1]一位清代的易学者说："古铜磁器上之斑彩，俗所谓包浆者，大而如天光水色，小而如花红草碧，丹黝之漆物，

---

1 （明）张丑《清河书画舫》卷九，《四库全书》本。

朱粉之绘事，皆泽也。"[2]

　　这种身体的触摸感，在文人赏石中占有重要位置。中国人赏石，不是说去欣赏大自然中的山石，如去昆仑山口，看那万万年的石头。赏石的对象，一般由人采集而来，经过人的再创造，置于特别的空间，进入人的视野，与人的生活发生关系，是一个"人生命的相关者"。经过无数代、无数人吟赏把玩的石头，天地自然之气的晕染在其上留下斑斓神彩，波诡云谲的历史在其中投下炫影，更有无数代人的摩挲留下了芳泽。这种带有人的体温、经历生命的浸润、具有历史感的石头，成为中国人的至爱。

　　经过包浆，一个冰冷的对象，变成一个温润的存在；一个外在的物，似乎有了内在的魂魄。石头原有的凌厉气、新锐气，渐渐消失。人们面对它，有"即之也温"的感觉，就像《诗经》中所说的，有"荏苒柔木，言缗之丝。温温恭人，惟德之基"的感觉。石，如同传统的梅兰竹菊一样，竟然成为温润人格的象征。

　　包浆对于石头来说，最为重要的是改变了石头的"性质"，使它从对象化的世界中脱出，变成与人的生命相关之物。在人的作用下，石头逐渐丧失其"物性"，它不再是为人所把玩的冰冷对象，不再是为人所利用的纯然物品，而是成为了人的朋友。

　　古人视石为友的观念，于此得以滋生。如白居易得到两块奇石，抚摸吟弄，朝夕相对，爱之非常，作诗云："苍然两片石，厥状怪且丑。俗用无所堪，时人嫌不取。结从胚浑始，得自洞庭口。万古遗水滨，一朝入吾手。担舁来郡内，洗刷去泥垢。孔黑烟痕深，罅青苔色厚。老蛟蟠作足，古剑插为首。忽疑天上落，不似人间有。一可支吾琴，一可贮吾酒。峭绝高数尺，坳泓容一斗。五弦倚其左，一杯置其右。洼樽酌未空，玉山颓已久。人皆有所好，物各求其偶。渐恐少年场，不容垂白叟。回头问双石，能伴老夫否。石虽不能言，许我为三友。"[3]

　　在他反复的抚摸中，石似乎有了人的灵性，他与两片石，俨然成为"生命三友"。石虽无言，却相伴此生。物欲的"少年场"，将垂暮的他排斥，而他与石相倚相伴，共对世界的寂寞。无语的石，也与人绸缪。一块顽然之石，就在他面前，几乎在书写这位诗人的心灵哲学。石的奇、石的怪、石的孤独、石的无言与离俗，石浑然与万物同体的位置，石从万

2　（清）魏荔彤《大易通解》卷九，《四库全书》本。
3　（唐）白居易《双石》，《全唐诗》，上海：中华书局，1980 年。

古中飘然而来的腾踔，都是诗人生命旨趣之写照。石，如弹起一把无弦之琴，在演奏心灵的衷曲。石，就是自己，非爱石，乃是爱己；非为观赏石，乃在安慰自身。

石与人相互抚慰的境界，正是包浆的命意之所在。

二、石令人隽

欣赏包浆，在触觉上欣赏它的"泽"，在视觉上又欣赏它的"光"，即人们所说的"光泽"。

经过包浆的石头，历世久远，与人的声息相浮荡，色调更加沉静，气味更加幽淡，涵蕴更加渊澄。那暗绿幽深的光影，在虚空中晃动，荡漾出神秘的气息。这种特别的光彩，仿佛"幽夜之逸光"，它是岁月之光的投影，它是人生命之光的辉映。

我，在一个在特别的空间、特别的时间点上，来看它，这个不知何年而来、经过何人赏玩的神秘存在，就在我面前。它的暗淡幽昧的色，沉静不语的形，神妙莫测的触感，都散发着迷离的韵味，它似乎是永恒的使者，穿过时间隧道，来与我照面。

说包浆，在一定意义上，就为了突出这当下的"映照"。那神迷的光影，穿过历史寂寞的时空，将我当下所在的世界照亮。眼前的、此在的我，突然跃现在古往今来的光影中，沐浴在亘古如斯的光明世界里。

在这里，我们要特别注意老子所说的"明道若昧""见小若明"的道理。一块黝黑的灵璧石所折射出的自然光影，案台上一座奇石清供在室外余光、或者灯光下的清影，这是自然之光。石头包浆中所说的光，由这被"看"出的外在光影，上升到心灵体验中的生命之光，进而超越黑暗与光亮的知识分别，进入一种"澄明的境界"，人与物解除一切遮蔽，让真性的光亮敞开。月光清澈，水面自然清圆；心灵清净，无处不有光明。这才是中国人赏石理论中所言光明境界的真正落实。

中国人赏石，特别强调"照亮"。一盆清供，妙然相对，照亮了人的心灵。白居易《太湖石》诗说："烟翠三秋色，波涛万古痕。削成青玉片，截断碧云根。风气通岩穴，苔文护洞门。三峰具体小，应是华山孙。""三秋色"是当下的情景，"万古痕"是无垠的过去。人将当下的鲜活糅进了往古的幽深中去，万古的痕迹就在当下中跃现，由此表达超越生命的意旨。

明人有诗云："怪石如笔格，上植蕉叶青。黯然太古色，得尔增娉婷。欲携一斗墨，叶

倪瓒 **紫芝山房图轴** 纸本墨笔 80.5cm×34.8cm
台北故宫博物院 约 1370 年

底书黄庭。拂石更盘薄,风雨秋冥冥。"不是芭蕉假山有特别的美感,而是在蕉石影中思考生命的价值。赏石者喜欢包浆,其实就是于"太古色"中,看人的生命"娉婷",欣赏生命的率意舞蹈。

传统赏石理论中有"石令人隽"的观念便与此有关。陈继儒《岩栖幽事》云:"香令人幽,酒令人远,石令人隽,琴令人寂……"[4] 而《小窗幽记》论石[5],有数条论及此说:"形同隽石,致胜冷云。""石令人隽。""窗前俊石冷然,可代高人把臂。"

"隽"带有美的意味,但和一般所说的美又有不同,它包括冷峭、不落凡尘、跃然而出的意思。石是无言而寂寞的,而"隽"意味着人在瞬间与永恒照面。它立于几案、园池间,人来"对"它,它从永恒的寂寞中跃然而出,照亮一个世界。"石令人隽",石使人的心灵明亮起来;也可以说"人使石隽",人照亮了石。人与石解除了互为对象之关系,在无遮蔽的状态下"敞亮"。

元倪瓒以画石而著称,后有人题其画云:"千年石上苔痕裂,落日溪回树影深。"这真是对云林艺术出神入化的概括。石是永恒之物,人有须臾之生,人面对石头就像一瞬之对永恒。在一个黄昏,落日的余晖照入山林,照在山林中清澈的小溪上,小溪旁布满青苔的石头说明时间的绵长,夕阳就在幽静的山林中,在石隙间、青苔上嬉戏,将当下的鲜活糅入历史的幽深之中。夕阳将要落去,但她不是最后的阳光,待到明日鸟起晨曦微露时,她又要光顾的这个世界。正所谓青山不老,绿水长流,人在这样的"境"中忽然间与永恒照面。云林艺术体现出的人生感、历史感和宇宙感,就是他寂寞世界的"秀"。读他的画,如同看一盘烂柯山的永恒棋局,世事变幻任尔去,围棋坐隐落花风。

4 (明)费元禄《甲秀园集》卷四十二所引,明万历刻本。
5 《小窗幽记》,本名《醉古堂剑扫》,十二卷,由明陆绍珩所辑,今传有明天启四年(1624)刻本。清乾隆年间陈本敬重刻此书,易名为《小窗幽记》,托名陈继儒所辑,并对文字作了部分删改和增订。是一部了解中国文化精神、尤其是中国古代文人趣味的重要读物。

正是在这个意义上，我们来看古代赏石理论中一句重要的话："千秋如对"——千年万年之石就出现在自己的面前。人们接触它，似乎在与之对话，你见它光而不耀的色，抚摩它温润的外在轮廓，轻触它所发出的微妙声音，其实是一种交流。中国人喜欢石头，除了它的形式美感，它的收藏价值之外，重视的是与石头的对话，无声地相对，不动声息地对话。如庭院中的假山，案头上的清供，人们来欣赏他，与之流连，有一种发自深心的交流。

三、石令人古

赏石，欣赏的对象是一个"旧物"，一件古董，一件老东西。对于人来说，石头俨然一"时间之物"，或者叫做"时间性存在"。人事有代谢，往来成古今，时光密密移动，历史场景不断更换，而石头依然在，以其沉默，冷对世界，经历世变，而顽然不改。时光暗转中留下的斑斑陈迹，布满了它的外表，就像树木的年轮，也留下人情的冷暖，留下历史的悲欢。对着一片石，如顿入历史的回声中。

（明）陈洪绶 蕉林酌酒图轴 绢本设色 天津博物馆 156.2cm×107cm

就像《枫桥夜泊》所描绘的境界，"月落乌啼霜满天，江枫渔火对愁眠。姑苏城外寒山寺，夜半钟声到客船"，沉沉的夜，搅动着沉沉的乡愁，沉沉的乡愁更增添游子心灵的脆弱，只有那悠远的寒山寺夜半钟声可以抚平人乱乱的心。欣赏一件有包浆、或者说有历史感的石，如游子听那荡漾着历史回声的夜半钟声。

明文震亨《长物志》中说："石令人古。"这是一条中国人赏石的重要原则。如欣赏太湖石，布满孔穴的太湖石，由千秋万代的变化形成，有激流冲刷的，有气化氤氲而成的。它的一个个窍穴，就像瞪着历史之目，注视着人的存在。天地变化，造化抚弄，造出千奇百状的石。中国人欣赏石，打通一条无限的时间通道，所谓浪淘犹见天纹在，一石揽尽太古风。

　　"石令人古"，不是"恋旧心理"，"古"不是古代，不是对遥远时代的向往，而是在千年万年的石头中，丈量人的生命价值。中国人玩石，是将生命放到永恒中审视它的价值和意义。白居易《太湖石记》说："然而自一成不变以来，不知几千万年，或委海隅，或沦湖底，高者仅数仞，重者殆千钧。""噫！是石也，百千载后，散在天壤之内，转徙隐见，谁复知之？"无声无息无文的石，以不变为变，以不美为美，以不常为常，以其不为物所物，所以能恒然定在。

　　你见它，它出现在你眼前；你不见它，它还是在那里。你在世时，它在这里；你离开这个世界后，它还是完然自在。这一片石，说你的在与不在，说生命的长与不长，说人生的残缺与圆满。

　　中国人说"海枯石烂"，意思是不可能出现的事，石代表一种不灭的事实。李德裕诗云："此石依五松，苍苍几千载。"[6] 石从宇宙洪荒中传来，裹孕着莽莽的过去。一拳顽石，经千百万年的风霜磨砺，纹痕历历；经千百万年的河水冲激，玲珑嵌空。

　　石头中包含着一种不变的精神，意味着一种亘古的定则，我见它在人的面前，如听它的叮咛，对着这永恒之物，来看自己，看人生的种种，看自己的种种沾系，种种拘牵，看历史的悲欢离合。石令人古，抚平人内心的躁动，那种因知识的辨析、欲望的撕裂所带来的躁动，给人带来淡然，带来天真。

　　石令人古，其实就是"对着永恒说人生的价值"。

　　什么是永恒？在中国人的心目中，有两种永恒。一是时间界内的，是与有限时间相对的无限绵延，人们谋求肉体生命和精神生命的无限延展，就属于此，永恒是一种知识的见解，它是人目的性追求的目标；二是在时间界外的，所谓青山不老，绿水长流，也就是传统哲学所说的大化流衍过程，无时间计量，是一种生命永续的延伸，超越有限与无限的知识计量是它的根本特点。就像陶渊明诗云："天地长不没，山川无改时。草木得常理，霜露荣悴之。"天地长不没，说天地永恒。山川无改时，说山川并不因时间流动、世事变迁改其容颜。自其变者视之，世界无一刻不在移易；自其不变者言之，青山不老，绿水长流。他看草木的荣悴乃至人的肉体存在也如此，生之有尽，是宇宙"常理"，人又何能脱之！

---

6 《泰山石》，《李文饶集》别集卷十。

（明）陈洪绶 **梅花山鸟图轴** 绢本设色
台北故宫博物院 124.3cm×49.6cm

这后一种永恒，就是传统哲学所说的"大化"，中国人要"纵浪大化中，不喜亦不惧"。它是传统艺术的理想世界。不是追求永恒的欲望恣肆（如树碑立传、光耀门楣、权力永在、物质的永续占有等），而是加入永恒的生命绵延中，从而实现人的生命价值。

古人云："流水今日，明月前身。"[7]今夜，我站在清溪边，明月下，流水中所映照的明月，还是万古之前的月，溪涧里流淌的水，还是千古以来绵延不绝的水。明月永在，清溪长流，大化流衍，生生不息。停止对永恒的欲望追逐，超越对短暂与永恒的知识计较，心随月光洒落，伴清溪潺湲，便能接续上那永恒的生命之流。

在中国画中，石头一般作为背景而存在，但它是一种无声的语言，包含着特别的内涵。看明代画家陈洪绶的画，最能体现这一特点。石是他绘画的主要意象之一。在老莲的画中，家庭陈设，生活用品，多为石头，少有木桌、木榻、木椅等表现。《蕉林酌酒图》几乎是个石世界，大片的假山，巨大的石案，占据了画面的主要部分。晚年陈的大量作品都有着石世界。他是中国绘画史上最善画石的画家之一。

如藏于台北故宫博物院的《梅花山鸟图》，真是动人心魄的作品，湖石如云烟浮动，层层盘旋，石法之高妙，恐同时代的吴彬、米万钟等也有所不及。老梅的古枝嶙峋虬曲，傍石而生。枝桠间点缀若许苔痕，就像青铜上的锈迹斑斑。梅花白色的嫩蕊，在湖石的孔穴里、峰峦处绽开。石老山枯，那是千年的故事；而梅的娇羞可即，香气可闻，嫩意可感，就在当前。你看那，一只灵动的山鸟正在梅花间鸣唱呢！

老莲大量的画，画一种"石化"了的世界。如他的著名作品《眷秋图》。眷秋者，留恋生命之谓也。此图几乎就是一个石头的世界，

---

7 （唐）司空图《洗炼》,《诗品二十四则》,《四部备要》，上海：中华书局，1936 年。

（明）陈洪绶 眷秋图轴 绢本设色 王季迁旧藏
137cm×57cm

其中的青桐也被"石化"，与如云烟蒸腾的怪石融为一体。眷恋秋意，眷恋时光，时光瞬间而过，四时交替，人无法阻止，真正的"眷"，是一种超越时间变化的"眷"。

传统文人品味文房玩赏石，其根本原因之一，就是看中这"永续的存在"。

结 语

明末清初吴景旭（1611-1695）《忆秦娥·宋瓷》云："圆如月，谁家好事珍藏绝。珍藏绝，宣和小字，双螭盘结。风流帝子深宫阙，人间散出多时节。多时节，随身土古，包浆溅血。"[8]

包浆溅血，石头的包浆，如这瓷器包浆一样，有生命的回声，体现出人的生存智慧。其中所突出的中国人独特的历史感、人生感和宇宙感，值得我们细细体味。

胡可敏女士是海内外知名的收藏大家，对玩赏石有精深研究，著述甚多，尤重文人玩赏石收藏，重视其中所寓有的精神研究。她从自己的收藏中，选出七十多件文房供石精品捐赠给上海博物馆，其中包括灵璧石、太湖石、宣石、英石、博山文石、青州石等，都是一些赏石名品。一些供石上还有前人题刻，极富观赏和收藏价值，从一个侧面反映出中国传统文房玩赏石的基本面貌。这些赏石名品，入藏江南收藏的重镇上海博物馆，具有特别的意义，对传统文房玩赏石的收藏和研究，必将产生重要推动作用。

谨以此浅浅之文，表达对胡先生捐赠文房玩赏石的敬意，并就教于喜爱文房玩赏石的专家同行。

朱良志 2019 年 9 月 20 日于北京大学
（作者为北京大学博雅讲席教授，北京大学美学与美育研究中心主任）

---

8 《全明词》，北京：中华书局，2004 年版，3072 页。

藏石纪事

My Collection of Scholars' Rocks

胡可敏

Hu Kemin

　　二十多年来，我受父亲胡兆康先生的影响，对崇尚自然、饱含东方哲理的供石产生了很大的兴趣。在许多朋友的帮助下，有幸从世界各地收藏了一些中国古石。我了解中国目前存世的古石并不多，所以一直想把这些古石留在中国。尤其是 2007 年我收藏了一方据传为汉代之物的"昆明石"。虽然石上并无铭记，但在收藏此石二百四十多年的淄川李氏家族之《李氏宗谱·世保录》上记载了宋人王定国，元人张养浩，明人王象春、孙承泽等历代名人雅士的题咏诗文，均言此石为汉武帝时，于长安附近挖昆明池所得，因有"宜男"之奇，遂为历代所宝。购得此石后，我一直在为此石头寻找永久藏处。最终在上海市文物局与上海博物馆领导的支持下，达成了连同这方"昆明石"一起共七十余件文房供石捐赠上海博物馆的协议。

　　上海博物馆为这批藏石举办展览并出图册，这可能是国内大型公立博物馆第　次为中国供石举办展览，第一次以博物馆名义出版供石主题的图录。我将我在藏石中的一些心得、体会在此中与大家探讨、分享。

一、研山集

二、追寻青州石

三、昆明石记

四、古石识别与欣赏

一、研山集

1. My Collection of Ink Mountain Stones

　　中国文人崇石赏石有很久历史。唐以前就有在园林里立峰。但移到文房几案可能要从宋代开始。研山（"研"同"砚"），可以说是最早的文人供石。历史上最有名的"宝晋斋研山"据说就是南唐后主李煜（937-978）创制的。李煜的词是史上有名的。他精书法、通音律，尤重于文房的建制。研山是由砚引申而出，大不盈尺，峰峦起伏中有砚池。后因制研的灵璧石、英石并不发墨，不是制研的佳材，故此后来的研山并不一定设有砚池。

　　在历史文献中有很多关于研山的记载。宋米芾（1051-1107）有二方李后主的研山，除了上面提到的"宝晋斋研山"，另一方是"海岳庵研山"。从文献上看，米芾还收藏多方研山。他在《砚史》上提到："吾收一青翠叠石，坚响，三层，傍一嵌磨墨，上出一峰，高尺余，顶复平嵌岩如乱云四垂以覆砚。以水泽顶，则随叶垂珠滴砚心。上有铭识：'事见唐庄南杰赋，乃历代所宝也。'"传宋渔阳公《渔阳石谱》序中写道："及收研山，一名壶岭，上有天池，不假凡水，可以投笔，天壤间奇物也。"宋高似孙（1158-1231）《砚笺》卷九中提到米芾有一研山名"远岫奇峰"。砚高五寸，宽七寸，厚一寸二分。天然二峰，宾主拱揖。右峰下平微凹，为受墨处。峰腰大小岩窦五，为砚水池。此石后由赵孟頫（1254-1323）收藏。石上除刻有"远岫奇峰"外，还有"天然""可泉"，并有"子昂藏"三字。清《钦定西清砚谱》中也记有此研山，并记载了乾隆帝多次为此研山题词，认为该砚"为米芾所制，又为赵孟頫宝藏，流传六百余年，复邀睿赏，稀世之珍，洵有神物呵护之，不为风雨所剥蚀耳。"

　　文人雅士们将研山看作是缩小的自然山峦。就像唐白居易（772-846）在《太湖石记》中所写：

　　　　则三山五岳，百洞千壑，尔缕簇缩，尽在期中。百仞一拳，千里一瞬，坐而得之。

　　这次捐赠的研山均为我多年藏石所获。坐在书房中，面对研山而神游"峰峦洞穴""叠嶂层峦"，何等情怀！

（一）"赤峰映池红"研山

这是我早期收藏的一方带池研山。红丝石是古代著名的砚石，早在唐宋就负盛名。此方研山底部已风化，砚池周围有高低层次的山岩，山岩并不高，显得开阔、平稳，含蓄宁静有宋人之风。明清以后的研山大部分都没有砚池，观赏性大于实用性。在我收藏的研山中，这方红丝石是少有的带有砚池的一方研山。（图版 1）

（二）"襄阳无语"铭研山

在我刚开始收藏供石的时候，北京、天津的石友中就一直流传着一个信息：在山东有一方刻有刘墉款的研山，原配老座，但石主人不给看，也有看到的但不给拍照。听得到，看不见，摸不着，甚是忧人。所幸几年后，美梦成真，终于有机会购得此石：一方英石研山。原配座，石后刻"襄阳无语"，并有"石庵"与"清雨堂"款。此方研山，如山川峭壁、天然峰峦，节理交错，褶皱曲折。（图版 2）

刘墉（1720-1805），字石庵，山东诸城人。书法家，清乾隆时官至大学士，一生收藏甚丰。

（三）"项子京"铭研山

1999 年，我去芝加哥参加芝加哥美术馆举办的伊恩·威尔逊文人石收藏展览。在芝加哥很难得地看到了一方有年份的灵璧研山求售，很心动，但价格很高没下定决心，怏怏不快地回到了波士顿。一个晚上没睡好，不想与这样一方研山失之交臂。第二天一早购了来回机票，再去芝加哥，当天就把这方研山捧回家。此方研山 20 世纪 70 年代曾由芝加哥一位很有声望的古董商从香港一位藏家处购得，后由芝加哥一位家具商人收藏了二十多年。石后刻"项子京研山"，并于各处"峰""涧""沟"等处刻上名称，如"莲华岭""灵岩""夕阳屏""妙音涧"等，与宋代几方有名的研山一样的手法。此研山沟壑峰峦系雕琢加工而成，但石背保留此石出土时的红泥石皮，而这层石皮上"包浆"深厚。（图版 3）

项子京（1525-1590），名元汴，字子京，号墨林。明代大收藏家、鉴赏家，有"故宫一半珍品皆源于此人"之说。他有许多收藏，其中不乏名石。明王守谦《灵璧石考》中提到："按携李项氏有灵璧石一座，长二尺许，色青润，声亦泠然。背有黄沙文。一带峰峦皆隽。下金填刻字云：宣和元年三月朔日御制。"

这方刻有"项子京"的灵璧研山应该不是项子京的收藏，乃是后世仰慕其名而镌刻的伪托之款。

（四）"研山人"铭研山

我在 2008 年收藏了一方昆石研山。此石在石背左上方刻有隶书"研山人"三字，并涂有金粉，表明这方昆石研山的原主人是一位热爱研山的人。收得此石后一直在寻找这位"研山人"。在以姓排名的中国历代人物录里要找一位字号为"研山"的人并不容易。虽然找到了几位字号为"研山"的古代文人，但因年代等情况不符，很是失望。六年后，我在杭州西泠印社拍卖公司的一本图录中看到一湖石立轴，此画的画家是我搜寻多年的"研山人"：汪鋆（1816-1883）。汪鋆为江苏仪征人，字研山，画家，擅长写诗，精通金石。他的书房名为"十二石研斋"。几年的寻找得到了答案，当时的喜悦之情难以言表。（图版 4）

（五）"长青"铭研山

苏轼（1037-1101）在诗中写道"试观烟云三峰外，都在灵仙一掌间"，白居易名句"百仞一拳，千里一瞬"，都体现了古代供石小中见大、坐地神游的玩石情趣。这一方"长青"研山，浑然天成，四面玲珑，使人想起《素园石谱》里曾提到的石友们都热爱的故事：

> 米尝守涟水。地接灵璧，蓄石甚富，一一品目，加以美名。入书室，终日不出。时杨次公杰为察使，知米好石废事，往正其癖。至郡，正色言曰："朝廷以千里付公，那得终日弄石，都不省事？按牍一上，悔亦何及！"米径前，以手于左袖中取一石，其状嵌空玲珑，峰峦洞穴皆具，色极清润。米举石宛转翻覆以示杨曰："如此石，安得不爱！"杨殊不顾，乃纳之。左袖又出一石，叠嶂层峦，奇巧更胜。杨亦不顾，又纳之。左袖最后出一石，尽天划神镂之巧。又顾杨曰："如此石，安得不爱！"杨忽曰："非独公爱，我亦爱也！"即就米手攫得，径登车去。

这段故事除了让我们看到古代文人的爱石情怀，同时也让我们好奇，米芾的左袖中怎么能装得下三方奇石？这方"长青"研山给了我们答案：此石只有 12 厘米长，小中见大。石上刻有"长青"二字。清乾隆时有一个画家方薰（1736-1799），同时代的阮元曾评其画深得宋元人的秘传。此"长青"是否是方薰所有，还需研讨。（图版 5）

在我捐给上海博物馆的这批收藏中，还有多方研山，如"三峰伴月"研山（图版 6）、"飞峰探月"研山（图版 7）、"小九华"研山（图版 8）等。

"赤峰映池红" 研山

An Ink Mountain Stone: So Red Is the Reflection of the Peak in the Pond

红丝石
高 10 厘米，长 31 厘米，宽 15 厘米

Red Silk Stone
Height: 10cm; Length: 31cm; Width: 15cm

"襄阳无语"铭砚山

An Ink Mountain Stone with the Inscription of "Xiangyang Remains Silent"

2

英石
连座高 30 厘米，长 22 厘米，宽 18 厘米

Ying Stone
Height (with pedestal): 30cm; Length: 22cm; Width: 18cm

無美
石 無陽
女 語陽
奄

3   "项子京" 铭研山   An Ink Mountain Stone with the Inscription of "Xiang Zijing"

灵璧石
连座高 32 厘米，长 30 厘米，宽 13 厘米

Lingbi Stone
Height (with pedestal): 32cm; Length: 30cm; Width: 13cm

4 "研山人"铭研山

An Ink Mountain Stone with the Inscription of "Mountainous Inkstone Person"

昆石
连座高 39 厘米，长 24 厘米，宽 10 厘米

Kun Stone
Height (with pedestal): 39cm; Length: 24cm; Width: 10cm

"长青"铭研山

An Ink Mountain Stone with the Inscription of "Evergreen"

灵璧石
连座高 6 厘米，长 12 厘米，宽 4 厘米

Lingbi Stone
Height (with pedestal): 6cm; Length: 12cm; Width: 4cm

"三峰伴月"研山

An Ink Mountain Stone: A Moon over Three Peaks

6

灵璧石
连座高 32 厘米，长 29 厘米，宽 9 厘米

Lingbi Stone
Height (with pedestal): 32cm; Length: 29cm; Width: 9cm

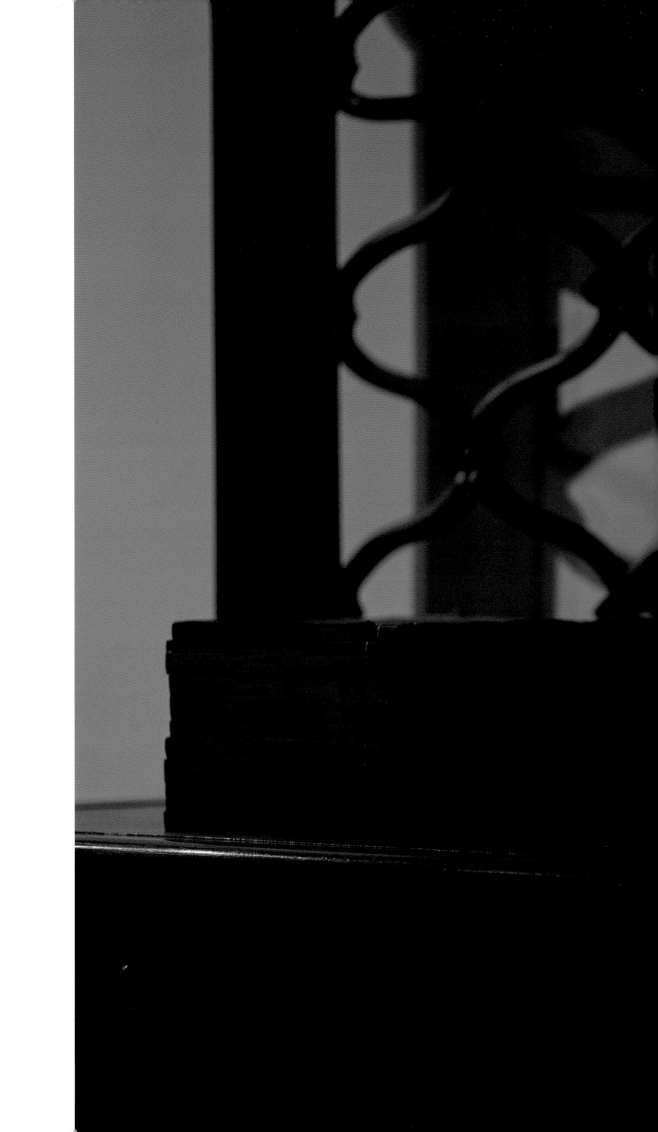

"飞峰探月" 研山

7

An Ink Mountain Stone: Soaring Peak against the Moon

灵璧石
连座高 34 厘米，长 32 厘米，宽 12 厘米

Lingbi Stone
Height (with pedestal): 34cm; Length: 32cm; Width: 12cm

8 "小九华" 研山   An Ink Mountain Stone: Little Jiuhua Mountain

灵璧石
连座高 16 厘米，长 14 厘米，宽 17 厘米

Lingbi Stone
Height (with pedestal): 16cm; Length: 14cm; Width: 17cm

二、追寻青州石

2. In Pursuit of Qingzhou Stones

　　中国古代赏石中有灵璧、英石、太湖石与昆石四大名石，宋《云林石谱》、明《素园石谱》中都有提及。然而在《云林石谱》中位列灵璧石之后的青州石，至今却鲜为人知，《素园石谱》中也未有提及。古青州是中国九州之一，包括现山东省绝大部分地区，但范围比现山东省大。山东是先哲孔、孟的家乡，历代文人众多，且有收藏供石的悠久传统。在我们现在能见到的为数不多的古石中，有很大一部分曾收藏于山东。这类古石古朴、苍老，大都浑然天成，有的扣之有声，大部分有原配的山东大方台座。而这些古石曾被许多家族世世代代收藏，传承有几百年之久。那么这些古石是否可统称为"青州石"？山东的石种很多，除了海边的崂山绿，又以产于博山的文石与产于临朐青州的红丝石为代表石种。用红丝石制的砚在古代很有名，古代也有人称之为青州砚。理论上讲产于青州范围的石种可称为青州石，就像产于灵璧的石可称为灵璧石。但与只有产于磬云山的灵璧石方可有"天下第一石"的美誉一样，产于青州的石头并非全是在《云林石谱》中所提到的青州石。《云林石谱》中说：

> 青州石，产于土中，大者数尺，小亦尺余，或大如拳，细碎磊块，未成物状。在穴中性颇软，见风即劲，凡采之易脆。其质玲珑，窍眼百倍于他石。眼中多为软土充塞。除以竹枝，洗涤净尽，宛转通透，无峰峭拔势。石色带紫微燥，扣之无声。

　　文中所指"窍眼百倍于他石""宛转通透"与我们平时看到的文石有很大的区别。到底什么是《云林石谱》中所提到的青州石？几年来看了很多资料，也请教了一些行家，答案是多样的。大部分人关注于一种比较接近灵璧石的文石，尽管这种文石与石谱中所描述的青州石相去甚远。

　　多年来我一直想去山东寻找《云林石谱》中的青州石。但每次回国来去匆匆，一直未能如愿。2007年，我终于去了与青州相邻的淄博市，带着寻找青州石的希望，拜会了当地石友孙兆俊先生。但答案与上海、北京的石友所言相近。这使我有些失望。当时我带了一张2004年在上海买的一方古石照片。上海无人能知此石石种，却因此石配有简单的四方山东木座，我是带了此石照片来山东求答案的。孙一见此石，就说此石就出在青州。我们再仔细看此石千洞百孔，这不就是《云林石谱》里写的"其质玲珑，窍眼百倍于他石"的，我这些年一直在寻找的青州石吗？（图版９）当时我们非常兴奋，真是"踏破铁鞋无觅处，得来全不费功夫"。

这次山东行收益不小。不但确认了青州石，还看到了原以为不可能传世至今的汉代昆明石。此事由另篇介绍。

青州归石

青州石
连座高 36 厘米，长 30 厘米，宽 14 厘米

The Return of Qingzhou Stone

Qingzhou Stone
Height (with pedestal): 36cm; Length: 30cm; Width: 14cm

高斋隽友——胡可敬捐赠文房供石

52

三、昆明石记

3. On Kunming Stones

2005 年，我在山东一份报纸看到一条报道：山东有一方汉武帝时的"昆明石"，有石照并有一套家谱佐证。这份报道并没有引起我很大兴趣。虽然有记载的家谱看上去不像仿造，但汉朝距今已有二千多年，大部分流传至今的汉代文物都是出土文物。经过二千多年来兵荒马乱、天灾人祸，一方汉朝的石头能流传至今的可能性很少。

2007 年 5 月，为了解《云林石谱》中提到的"青州石"，我走访了山东淄博石友孙兆俊先生，并一同到博山探石。此行在《追寻青州石》一文中已有提及。孙兆俊正好是这方"昆明石"当时的主人，在其家我有幸看到了此石真貌，阅读了李氏家族的一套家谱。在家谱中看到了宋代王定国，元代张养浩，明代孙济泰、王象春等历朝名人雅士的题咏诗文。且文中所提到的"如苍虬昂首状""石高尺余，色黝黑，有白丝两道""其伛偻如老人"等描述与这方"昆明石"石形相符（图版 10）。此石深厚的历史渊源与流传有绪的名人题咏引起我极大的兴趣。

《李氏宗谱》一套五册，在第三册"世保录"中记有："凡先世所贻重物，各宜世代勿替，而昆明一石有宜男之祥，自西汉以来流传至今，历宋、元、明、清四代名人皆有题跋，后嗣子孙尤当球图重之也。"下面依照李氏祖谱记载，将历代文人的诗文转述如下：

昆明石记
北宋元丰二年（1079）秋临州王定国撰
物理有不可解者，兰一名宜男草，雄黄孕妇佩之生男，而事顾不尽验，亦姑存其说云尔。嘉祐二年（1057）秋，余客海陵（现江苏泰州市）许参军家，见几上供一石，高可盈尺，色黝然如苍虬昂首状，叩之音清越，余未之奇也。询之参军，乃购自其太父永平公。相传汉元狩三年（公元前 120 年），凿昆明池，得二怪石。识者以为雌雄各一，而此雌，藏之当兆生男子，为世所得者，宝之逾拱璧。公年垂六十矣，购石斯年，始举一子，则参军之伯父也。嘻！亦奇矣，然有说焉。凡物效灵于人，一视乎人之自为。

闻公作宰多惠政，平时扶困济阨，辄不惜倾囊，其有后，宜也，其即所以获报于神物之理也。夫物不自灵，凭人心以灵。公之豪情胜概，捐巨金，购片石，初不虞人之绐之，光明磊落，亦岂俗吏所能。忼爽如参军者，大有祖风云。或曰：信如子言，彼世藏斯石，与夫暂借藏焉，而效皆不爽者，又将何以为之解乎。曰：此特有感于公之为人，而为是说也。若夫天地之大，阴阳之变，何所不有？若以耳目所限而于理所难解者，遂谓世所必无，亦浅之乎测造物矣。且凡事莫不有数存乎其间，茫茫宇宙，今尚不知谁得其雄。藐兹一卷，时显时晦，所补于人事之缺陷几何？翘信其说，而无力以购，或力能购而不之信，皆数也。世无东方先生，为之品题，一增声价，终沉沦焉己耳。为记以赠斯石，即以赠参军遇合之奇，殆亦前定者乎？参军名璋，字辉廷，号紫澜，别号沧浪子。

王定国，名巩，字定国。宋真宗时宰相王旦之孙、王素之子，自号清虚居士，大名府莘县人（现属山东）。他是苏轼的好友，曾因受苏轼牵连而被贬宾州。苏曾为他撰写了《王定国诗集序》。《宋史·王素传》中提到他，"巩有隽才，长于诗""轼得罪，巩亦窜宾州，数岁得还，豪气不少挫，后历宗正丞，以跌荡傲才，每除官，辄为言者所议，故终不显"。王勤于写作，著有《随手杂录》《甲申杂记》《闻见近录》《王定国诗集》《王定国文集》等，以其正直的品格和豪气真情活跃在北宋中后期政坛上，为时人所敬重。

王定国不但有才气，而且有不少收藏。王曾收藏有当朝驸马王晋卿（约1048-1104）的一幅《烟江叠嶂图》名画。苏轼在《书王定国所藏王晋卿画着色山二首》中曾有这样的诗句："君归岭北初逢雪，我亦江南五见春。寄语风流王武子，三人俱是识山人。""烦君纸上影，照我胸中山。山中亦何有，木老土石顽。"北宋另一个著名文学家、书法家黄庭坚（1045-1105）在为《王定国文集》作序时写道，"元城王定国，洒落有远韵，才器度越等夷。自其少时，所与游尽丈人行，或其大父时客也""定国富于春秋，崎岖岭海，去国万里，脱身生还"。宋代两位大师为王定国写诗、写序。可见王的为人与文才非同一般。我们从这篇《昆明石记》中也可看到王的才气，文中充满了哲理，同时可见此石已在许家收藏了三代了。

咏昆明石
元陕西台中丞谥文忠济南希孟张养浩题

　　一片南云石，传来值万金，曾将滇水洗，不共劫灰沉。照夜珠堪比，宜男草莫寻。凿池思汉武，遗迹到如今。

　　张养浩（1270-1329），字希孟，号云庄，又称齐东野人，济南人。曾任监察御史，以批评时政为权贵所忌，辞官归隐。天历二年（1329）关中大旱，出任陕西行台中丞，办理赈灾，积劳病卒。著有《云庄休闲自适小乐府》《云庄类稿》。

　　张养浩不仅散曲出众，而且是有名的藏石家。现在山东恒台县"王渔洋纪念馆"的两方有名的古代太湖石"苍云"与"振玉"原是张养浩别墅的收藏，在"苍云"峰背上还刻有张养浩的一首散曲。

　　咏昆明石

　　明万历户部尚书新城王象春

　　岂有宜男草最能，相看一笏更峻嶒。空转到溉奇僵石，不及昆明有异征。

　　王象春（1578-1632），据《新城县志》《新城王氏世谱》："象春，字季木，号文水，行十七。万历戊寅年经魁，庚戌会试亚元，历官南京吏部考功郎中。诗文有奇气，性抗直，不随俗俯仰。以忤魏王当前职，海内高之。崇祯二年春，奉旨原官起用。所著有《问山亭诗》四卷，《齐音》一卷，卒于崇祯五年十二月，享年五十五岁。"

55

王象春以诗名于万历年间。其山水诗，生动活泼，清新自然，读罢回味无穷。王氏家族在明嘉靖万历年间出了不少朝廷显宦，显赫一时。董其昌（1634-1711）曾为王氏牌坊书"四世官保"四个大字，耀目于世。与王象春同辈的王象乾（1546-1630）就收藏了上面提到的张养浩的两方太湖石，至今在山东还有多方王家的藏石存世。

昆明石铭
明北平孙承泽识
如虬斯潜，如猊斯蹲。经千劫炼，为万物根。莫名甚宝，宜尔子孙。
孙承泽（1592-1676），字耳北，号北海，又号退谷、退翁。山东益都人。明末清初政治家、收藏家。孙于崇祯四年（1631）中进士。官至给事中。李自成进京后，为四川防御使。入清任至吏部右侍郎。

孙承泽精于鉴赏书画，收藏甚丰。曾收藏过孙过庭、苏轼、李公麟等书画名迹。著有《庚子消夏记》《尚书集解》等。

昆明石歌为李树柏先生作
清滇南寄庵刘大绅撰，时为新城令
昆明石一卷，峻嶒不盈尺。岂果灵瑞兆生男，胡为珍之逾荆壁？伟哉汉武喜楼船，多欲穷兵重开边。凿池得石石出世，令我摩娑忆当年。问石当年属阿谁，石不能言复谁知。无奈天上石麟精所散，好为人间送佳儿。古来爱石多奇士，只堪供作清玩耳。呼兄拜之米号颠，袖中东海坡仙是。颠耶仙耶石为友，亦曾见此石焉否？般阳李子雅好古，《博物志》与《金石谱》。宦囊惟载片石归，海岳罗胸气虹吐。四丈夫子俱峥嵘，石乎於君为有情。物以无情方能寿，是何神物钟奇秀。我今对此发浩歌，萧斋月照黄虬瘦。
刘大绅（1747-1828），山东《桓台县志》："刘大绅，字寄庵，号潭西。云南省宁州人。清乾隆三十七年进士，清乾隆四十八年至五十二年任新成（恒台）县知县。刘大绅生平喜爱诗文，有刻印《寄奄诗抄》行世。"

此石自宋开始即有名人记载、题咏。这在目前尚存的古石中很少见。宋时许参军家已历三世，清代在李氏家族中更是经过了近八代人的传承，且在祖谱中写明要世代保存。许家、李家给我们揭示了中国民间家族保石的一幕。

昆明石得以保存下来有其特殊的原因。这与此石传说"宜男"有关。传统中国长时间内是一个农业国家，男孩不仅是主要劳动力，而且传承着家族香火。中国古代有重男轻女的思想，所以这方供养后能得子的"宜男石"尤为珍贵，正如这些历代名人们在他们的诗文中所提的那样："传来值万金""照夜珠堪比""满籯不羡金宝贵，惟此珍重如琼瑰"。清孙济泰诗文中提到李家族人中还有为此石打官司的记载。神奇的"宜男"功能，是这方汉石得以在二千多年中被世代珍藏而流传至今的主要原因。

李氏家谱中提及的李树柏当初在山西购得此石的同时购得历代名人题咏及图绘，至今都已失落。有这么多历代名人为此石写文，一方面震撼于此石的历史渊源与神奇功能，另一方面也因为收藏者是他们的朋友或都与他们有等同的学识素养，或者作者本人就是此石的收藏者。收藏者为自己心爱的藏石写诗作文是很普遍的，像唐白居易的"双石"、苏东坡的"仇池石""壶中九华""雪浪石""小有洞天"等，只是诗词传世但原石已无可追寻。

我们很庆幸《李氏家谱·世保录》里详细地记录了历代文人的文章与诗歌，使我们得以了解这方"昆明石"的"前世今生"。就如王定国在《昆明石记》中所言，宝物时显时晦，所补于人事之缺陷几何？天地之大，阴阳之变。茫茫大千，石海遗珠。此石能逃过万劫，流传至今，今天又能由上海博物馆永久收藏，要感谢历代保藏此石的藏石家，要感谢历代文人雅士为我们留下这些美好的诗句，更要感谢李氏家族八代人的爱护，为中华赏石历史再添风采。

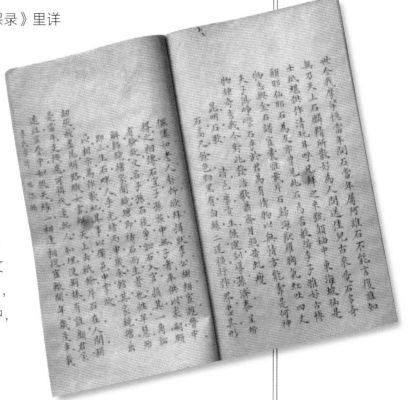

昆明石（一名"宜男石"）　　Kunming Stone ("Stone Good for Men")

陕西石　　Shaanxi Stone
连座高 40 厘米，长 42 厘米，宽 20 厘米　　Height (with pedestal): 40cm; Length: 42cm; Width: 20cm

四、古石识别与欣赏

4. On the Identification and Appreciation of Archaic Rocks

　　古石的识别很难从书本上学到，只有多看多比较，积累各方面的知识，才能悟出道道。但中国存世的古石并不多，市面上又充斥着"做旧"的石头，使古石辨认更不容易。一般来说可以通过三方面来识别古石：（1）石表，俗称"包浆"；（2）木座；（3）铭文。

　　收藏多年的古石石表上会有一种光泽，不同石种会有不同的光泽。当然收藏在室内把玩的古石与在室外栉风沐雨的石头的"包浆"是不同的。我这次捐赠上海博物馆的古石大部分是收藏在室内的，也有几方饱经风霜的古石，如"洞天福地"（图版11）与"青州归石"（图版10）。从这两方石的石表看出此二石几百年来历经风吹雨打、电闪雷鸣，石表上有一层厚厚的"干包浆"。所喜的是原配座子与此二石仍"生死相依"在一起。

　　在古石的判别中，木座起到了至关重要的作用。与其他艺术品不同，木座是供石的一部分。没有木座，自然形成的不规则石体就不能独立展现。供石之所以能跻身艺术品之列，固然有许多原因，而其中木座的选择、制作，将一方天然石体展示成能引起观者心灵感应的艺术品，木座起到了很大的作用。木作的材质、式样与年份可以帮我们识别此石的收藏年份、地区以及收藏者的地位及品位档次。木座永远是比石头收藏的年份近，因为木座较易损坏、失落，也可能因后继收藏者的喜好而改换。所以木座给我们对古石的断代提供了很重要的参考依据。当然，是否有原配座子也很直接影响了古石的价格。

　　石界常把木座按年份分成明式、清式。或按地区分成苏作、粤式、北方式或京作等。"小神峰"（图版13）为一灵璧小峰，色黝黑，光亮如革，形态自如，是一方早期的灵璧石。从石座来看，此石曾在山西逗留。此石木座上刻有两个铜钱图案，与一般江南文人收藏的古石木座上常有的水滴、灵芝或云纹不同。"御史峰"（图版21）的木座虽有常见的水滴状，但与一般的不同：有小木脚藏于座底，外面看不到。此方英石曾在日本收藏，可能为原木座在日本失落或损坏后，在日本仿中式配置的新座。

　　虽然大部分古石座子都是木质的，但这批收藏中也有几方是石座的。

目前传世的带有原配石座的古石并不多。因为文人们都希望保留石头的天然原配，一般石底都不平整。这给石座的制作带来很多困难，不但石刻的工作量较大，而且万一刻错较难修正。明以后一般都做成木座。灵璧石"洞天福地"就配有鱼籽石制作的石座，博山文石"傲视群雄"（图版31）也配有雕刻过的石座。

在这批收藏中，有几方为了配座方便而将石头底部整平的如"舞云峰"（图版17）。这种情况一般发生在早期或者古石被收藏在一个较偏僻的地方，那里无人知道如何配木座。这种情况在近代已很少见。

石上的铭文也是识别古石的一个很好的依据。当然要区别一些后刻与新刻的铭文。除了上面提到的几方研山上的铭文外，还有两条铭文可以研究。一方是寿山石"五老奇峰"（图版52），在石背上有两条铭文。石背上方中部刻有"五老奇峰，汾阳福寿"，右下方刻有"戊辰年仲春""公树村珍"。根据刻纹的深浅与字体，这二方铭文刻于不同年份。据查，树村是北洋军阀时期人。戊辰年应是1928年。另一方灵璧石"柳泉"（图版18），此石气势不凡，包浆滋润，黝而有光，庄重大气。底座古朴稳重。石背左下方很端正地刻有隶书"柳泉"二字，从这两个神形兼备的字可看出此君非同一般。落款为"癸卯春守拙"。"抱扑守拙"是历代文人对自己的期许，称自己为"守拙"的从陶渊明起历代不乏其人。但至今还未找到对上号的"守拙"石主人。可能本书出版后，会有内行找到此石曾经的主人。

在这批收藏中，一方小太湖石峰曾引起我很大注意（图版54）。这方小峰曾被烟熏过，洞孔和凹洼处仍呈黑色。在历史上曾有很长一段时期灵璧石一石难求，南宋赵希鹄（1170-1242）的《洞天清禄》与明林有麟的《素园石谱》里都有提到，于是有人将太湖石烟熏或染黑以代灵璧石。明王守谦在《灵璧石考》中提到灵璧石曾"国朝垂二百六十余年，寥寥无闻"，一直到万历年间，才又觅得新坑地。虽然这方太湖石山子的座子看上去年代不久，但座子可以是后配的。这方小太湖石应该是有年份的。

在藏石生涯中，有时也会很幸运。"逸云峰"（图版 26）曾被收藏在日本。在木盒里有两张作保护用的发黄了的日本报纸，其中一张是明治 42 年的《大阪新闻》。这张旧报纸告诉我们这方英石在 1909 年时已在日本，给我们研究这方英石的流传提供了可靠的依据。只是这样的幸运并不多见。

关于中国古代供石的欣赏，这是一个学界、石界较少讨论的课题。因为存世的古石并不多。但中国古代文人赏石已有一千多年的历史，除了《云林石谱》《素园石谱》外，古代赏石家还为我们留下了经典的"瘦、皱、漏、透"相石四法。宋代《渔阳石谱》中提到："元章相石之四法有四语焉，曰秀，曰瘦，曰雅，曰透，四者虽不能尽石之美，亦庶几云。"此说中无"漏""透"而是"秀""雅"。一直到清文人郑板桥（1693-1763）题画时称："米元章论石曰瘦、曰皱、曰漏、曰透，可谓尽石之妙。"究竟是《渔阳石谱》的错误还是后人的修正，可能并不重要。应该说"瘦、皱、漏、透"是在总结了历代文人藏石心得的基础上总结出来的。而且经过后世藏石家们验证与修正。因为"秀"与"雅"是一种对石头的主观判断，因人而异。而"瘦、皱、漏、透"则是客观存在。可能这也是为什么历代藏石家舍"秀""雅"而取"漏""透"的原因吧。

我捐赠上海博物馆的这批收藏中有许多是"瘦、皱、漏、透"的典范。先且不说太湖石类，一方文石"雄风"，浑然天成，造型雄伟，昂然屹立，气象万千。一般文石都有"瘦""皱"的特点，有时也有洞孔，但"漏"的特征并不多见，而此石有大小十二个"通道"，给人以上下通透，万千变化之感。此石如同灵璧石，扣之有声。从做工精细的原配京式木座来看，此方来自山东的文石曾收藏在京城。

除了相石四法外，在古石欣赏中，我们要关注古石的历史背景与文化内涵。如汉昆明石，如果没有李氏家谱中记载的宋王定国等历代文人的诗文，这就只是一方普通的石头。大部分古石都没有这样幸运。但每一方古石能流传至今，不管是一百年还是二百年，都传承了数代人，我相信每一方古石都是有故事的。

《云林石谱》中列有 116 种古石，我们现在能对上号的只是其中一小部分。所以在鉴别古石时，会有误区。但古石中四大名石：灵璧石、英石、太湖石和昆石仍是收藏者最关注的古石。

　　灵璧石产于安徽灵璧，被誉为"天下第一石"。宋人戴复古以"灵璧一峰天下奇，体势雄伟身巍巍"的诗句来描写灵璧石的气势。明王守谦在《灵璧石考》中说："石之堪作玩者，吾灵璧石称最。谓其峰峦洞穴，浑然天成。骨秀色黝，叩之有声。"灵璧古石一般不难识别。灵璧石清润秀奇，气韵苍古，是历代文人的最爱。其实能传至今的古石，每方都有故事。我此次捐赠上海博物馆的藏品中有大小十五方灵璧石，除了上文所介绍的，还有"三峰伴月""飞峰探月"二方灵璧石研山，古气盎然，"包浆"滋润。从做工精美的木座可看出，这二方研山的原主人身份不凡。其中"飞峰探月"还过海去了日本。"丝路山"（图版12），石体浑然天成，山体上的条条丝路，在灵璧石里并不多见。古朴、简单的老木座看出此石收藏于"寒窗"，但"寒窗"因有了此石而有了"奇观"。这批灵璧大部分都有天然石形，也有二方小砚山因雕琢太多，较难辨别。"秋水横波"（图版19）与"灵峰妙境"（图版20），原来我一直以为是英石，捐赠前仔细看了尚存的一部分石皮，才看到灵璧石的特征。

　　古代英石产于广东英德，当地雨水充沛，山岩被雨水长期溶蚀、风化而成。存世古代英石较多，英石是"瘦""皱"的典型。英石的硬度不如灵璧石，但外形嶙峋多变，看上去小中见大，如万壑千岩。清陈洪苑曾有"非玉非金音韵清，不雕不刻胸怀透"的诗句描述英石。此批捐赠藏品中有八方英石，大部分都表现峰、岩等自然景观，其中"静思"（图版23）给人以长者静思或禅思的感觉。八方英石都有"包浆"，但经历不同，收藏保养不同，"包浆"也不同。最明显的是曾收藏于日本，一直藏于木盒的"逸云峰"，石表干而不燥，与国内的老英石有明显的不同。

太湖石原指产于江苏太湖，被湖水冲蚀的灰色水石。石形玲珑，洞中有洞，是"瘦、皱、漏、透"的典范，是园林石的首选。但因石体较大，并不适于文房收藏，所以现有的真正出于太湖的文房古石并不多见，而太湖石成了玲珑湖石的总称。这次捐赠中有二方湖石，"白皱云"（图版28）与"疏风漏月"（图版29）。二石来自不同区域，石色不同，石形也不同。"白皱云"色玉白，洞洞相通，色润玲珑，"疏风漏月"色黄，透风漏月，含蓄端庄，但二石都配有大气的北方老座，这二方湖石在现存的古代太湖石中也属少见。

昆石产于江苏昆山，自南宋起就有收藏，陆游用"一拳突兀千金值"来描述昆石的奇和贵。昆石系石英脉在石洞中长成的晶簇体，玲珑晶莹，洁白如雪。元代诗人赞昆石"孤根立雪依琴荐，小朵生云润笔床"。一般古昆石常因氧化而石色变深，这次捐赠的二方昆石，"研山人"铭研山在我收藏的十年中，石色深了不少，而"祥云石"（图版30）则在我手里收藏已有二十年之久，但石色变化不大，可能与当时使用的清洗材料有关。

博山文石产于山东淄博博山，是由石灰岩、花岗岩和泥板岩等相似岩石风化而成。文石古朴自然，有风霜感，石的表面点划交错，有许多不同形式的皱纹。山东藏石之风颇盛，各地确有许多古石存世。《云林石谱》中青州石、红丝石都产于山东，但《云林石谱》与《素园石谱》都无"文石"一说。上海师范大学顾鸣塘教授在《华夏奇石》中提到："山东虽有藏石历史，但博山文石之名都是近年才叫开的。"现在有许多不知名的古石被加入了"文石"行列。这次捐赠的七方被称为"博山文石"的古石，也可能有错戴"帽子"的。

这几方文石都被人收藏了许多年，有的可溯自明代或更早。"傲视群雄"，浑然天成，大有"一人当关，万夫莫开"的气势，原配的石座更增加了这种气势。"卷浪石"（图版34）有一种浪花滚动的动感。"一览众山小"（图版36），天然的鸟形石俯视下方，有一种"背负苍天往下看"的豪情。这里特别要提的是"千年灵芝"石（图版37），此石由二方石粘结在一起，一方作灵芝盖，一方作灵芝柄，不知是如何粘结在一起的。有人说明代以前用铁水粘石，我用吸铁石试过，不是铁水。也有人说用米饭，米饭能有这种牢度吗？

此事要请教专家了。在文献上只在《云林石谱》"江州石"一节中提到，有苏轼喜爱的"壶中九华"石的石商李正臣处有将石"相粘缀以增险怪"之为。

崂山绿石产于青岛崂山脚下海湾处。乾隆时文人沈心有"乍疑峭壁渍藓绿，悬空乃有飞泉流"的赞美诗句。崂山绿石以绿色为基调，色彩绚丽，艳而不俗。这次捐赠有四方崂山绿石。其中"岁月留华"（图版 38）一石收藏颇久，应可溯至明代。"包浆"浓厚，石面展现如同莫奈印象派画作，文雅含蓄，如梦如幻。一方称为"无题"（图版 41）的崂山绿石虽然收藏年代不如其他三石，但展示的是崂山绿石另一个特色——崂山翠：一种层次分明的丝状结晶，被称为"翠面"。

宣石产于安徽宣城附近宁国地区，是色白质坚的石英石，古人早已收藏。宣石结构紧密，石质坚硬，石色洁白，间以杂色。清王作霖在《宣石赋》中有"近数而罗绮千丝，远观而云霞万千"的赞美。在《红楼梦》与《浮生六记》中都有关于宣石的记载。"冰晶峰"（图版 42）石形天然，嵯峨空灵，大有一峰盘亘，积雪未消，冰晶存痕的视觉冲击。宣石个性十足，但产量不多，存世的带原座的宣石更少见。这方"冰晶峰"是我这次捐赠上海博物馆的藏石中唯一一方不是原配木座的供石。

九龙壁石，又称华安玉，产于福建九龙江一带，属硅质角岩，硬度 7.8 度。九龙壁石形神皆备，变幻奇崛，虽古代就有收藏，但未见古石现世，20 世纪八九十年代才以新品种出现在赏石市场，甫一出场就引起了广大石友的关注。我在确定了藏石捐赠清单后，看到这方类似九龙壁的古石在美国一家拍卖公司拍卖，遂拍得此石，以增加一个品种。这方"独秀峰"（图版 44），浑然天成，古铜色，石面时而平整，时而折皱，有别于其他石种。如仔细看会发现此石表有黑色涂料痕迹，不知是否与当时的风尚有关。至于是何种涂料，尚待考证。

燕山黑石，产于北京西山。在古代石谱中没有燕山黑石的记载，在近代文献中也没有燕山黑石的报道，在赏石市场上更没有黑石的出现。但我的收藏中有几方小砚山，其中"墨玉飞瀑"（图版 46）与"小岱岳"（图版 47），二石的颜色比灵璧石、英石都深，漆黑如墨。明高濂《燕闲清赏笺》"砚山"中写道："大率砚山，以灵璧、应石（英石）为佳……有等好事者，以新应石、肇庆石、燕石加以斧凿修琢岩窦，摩弄莹滑，名曰砚山，观亦可爱。"并在几处提到燕山黑石。这几方小砚山很有可能就是燕山黑石。

洞天福地

灵壁石
连座高 48 厘米，长 24 厘米，宽 22 厘米

Heaven in the Cave and Auspicious Land

Lingbi Stone
Height (with pedestal): 48cm; Length: 24cm; Width: 22cm

12 丝路山   Mountain on the Silk Road

灵璧石
连座高 27 厘米，长 47 厘米，宽 16 厘米

Lingbi Stone
Height (with pedestal): 27cm; Length: 47cm; Width: 16cm

小神峰

A Peak that Looks like a Little Deity

灵璧石
连座高 9 厘米，长 12 厘米，宽 16 厘米

Lingbi Stone
Height (with pedestal): 9cm; Length: 12cm; Width: 16cm

仙人峰

A Peak that Looks like an Immortal

灵璧石
连座高 48 厘米，长 26 厘米，宽 16 厘米

Lingbi Stone
Height (with pedestal): 48cm; Length: 26cm; Width: 16cm

15 送子观音

Avalokitesvara as the Goddess of Fertility

灵璧石
连座高 45 厘米，长 25 厘米，宽 12 厘米

Lingbi Stone
Height (with pedestal): 45cm; Length: 25cm; Width: 12cm

16 别有洞天

Yet Another Heaven in the Cave

灵璧石
连座高 50 厘米，长 36 厘米，宽 14 厘米

Lingbi Stone
Height (with pedestal): 50cm; Length: 36cm; Width: 14cm

17 舞云峰

A Peak as a Dancer in Clouds

灵璧石
连座高 39 厘米，长 19 厘米，宽 12 厘米

Lingbi Stone
Height (with pedestal): 39cm; Length: 19cm; Width: 12cm

"柳泉"铭山子

A Miniature Mountain with the Inscription of "Willow Spring"

灵璧石
连座高 52 厘米，长 32 厘米，宽 22 厘米

Lingbi Stone
Height (with pedestal): 52cm; Length: 32cm; Width: 22cm

19 　秋水横波 　　　　　　　　　　　Autumn Waves

灵璧石
连座高 11 厘米，长 14 厘米，宽 4 厘米

Lingbi Stone
Height (with pedestal): 11cm; Length: 14cm; Width: 4cm

20

灵峰妙境

A Miraculous Peak in the Wonderland

灵璧石
连座高 8 厘米，长 14 厘米，宽 5 厘米

Lingbi Stone
Height (with pedestal): 8cm; Length: 14cm; Width: 5cm

御史峰

英石
连座高 69 厘米，长 46 厘米，宽 31 厘米

A Peak that Looks like a Royal Inspector

Ying Stone
Height (with pedestal): 69cm; Length: 46cm; Width: 31cm

云上剑峰

A Sword-like Peak above Clouds

英石
连座高 76 厘米，长 30 厘米，宽 16 厘米

Ying Stone
Height (with pedestal): 76cm; Length: 30cm; Width: 16cm

静思   Meditation

英石   Ying Stone
连座高 47 厘米，长 30 厘米，宽 19 厘米   Height (with pedestal): 47cm; Length: 30cm; Width: 19cm

喜云峰

A Peak that Enjoys the Companionship of Clouds

24

英石
连座高 19 厘米，长 10 厘米，宽 6 厘米

Ying Stone
Height (with pedestal): 19cm; Length: 10cm; Width: 6cm

25 墨玉通灵

英石
连座高 12 厘米，长 13 厘米，宽 6 厘米

A Piece of Black Jade that Has a Soul

Ying Stone
Height (with pedestal): 12cm; Length: 13cm; Width: 6cm

逸云峰

A Peak that Flies over Clouds

英石
连座高 22 厘米，长 15 厘米，宽 17 厘米

Ying Stone
Height (with pedestal): 22cm; Length: 15cm; Width: 17cm

27 | **玉树临风**

A Tree of Jade in the Breeze

英石
连座高 15 厘米，长 11 厘米，宽 6 厘米

Ying Stone
Height (with pedestal): 15cm; Length: 11cm; Width: 6cm

28　白皱云

A Wrinkled White Cloud

太湖石
连座高 48 厘米，长 26 厘米，宽 16 厘米

Taihu Stone
Height (with pedestal): 48cm; Length: 26cm; Width: 16cm

29 疏风漏月

A Crescent in Gentle Breeze

太湖石
连座高 57 厘米，长 39 厘米，宽 20 厘米

Taihu Stone
Height (with pedestal): 57cm; Length: 39cm; Width: 20cm

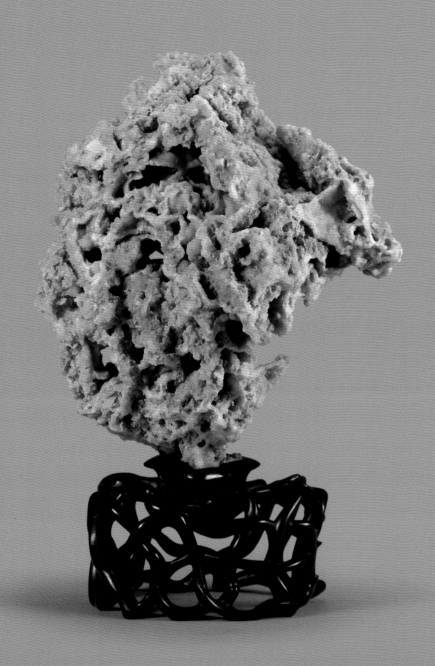

祥云石

A Stone of Auspicious Clouds

昆石
连座高 31 厘米，长 21 厘米，宽 10 厘米

Kun Stone
Height (with pedestal): 31cm; Length: 21cm; Width: 10cm

31 **傲视群雄**　　　　　　　　　　　　The Hero of Heroes

博山文石　　　　　　　　　　　　　　　Spotted Stone from Mt. Bo
连座高 54 厘米，长 32 厘米，宽 22 厘米　Height (with pedestal): 54cm; Length: 32cm; Width: 22cm

32　翩翩起舞　　　　　　　　　　Dancing Gracefully

博山文石　　　　　　　　　　　　Spotted Stone from Mt. Bo
连座高 74 厘米，长 44 厘米，宽 12 厘米　　Height (with pedestal): 74cm; Length: 44cm; Width: 12cm

赤峰陡壁

A Steep Cliff

博山文石
连座高 48 厘米，长 24 厘米，宽 15 厘米

Spotted Stone from Mt. Bo
Height (with pedestal): 48cm; Length: 24cm; Width: 15cm

34　卷浪石　　　　　　　　　　　　A Stone that Looks like a Rolling Wave

博山文石　　　　　　　　　　　　Spotted Stone from Mt. Bo
连座高 37 厘米，长 41 厘米，宽 19 厘米　　Height (with pedestal): 37cm; Length: 41cm; Width: 19cm

雄风

Masculinity

博山文石

连座高 72 厘米，长 48 厘米，宽 23 厘米

Spotted Stone from Mt. Bo
Height (with pedestal): 72cm; Length: 48cm; Width: 23cm

36 一览众山小

博山文石
连座高 46 厘米，长 42 厘米，宽 28 厘米

Where One Belittles the Huge Mountains

Spotted Stone from Mt. Bo
Height (with pedestal): 46cm; Length: 42cm; Width: 28cm

37 千年灵芝   A Thousand-Year-Old Fungus

博山文石
连座高 47 厘米，长 36 厘米，宽 32 厘米

Spotted Stone from Mt. Bo
Height (with pedestal): 47cm; Length: 36cm; Width: 32cm

38 岁月留华   Splendor of Bygone Days

崂山绿石   Green Stone from Mt. Lao
连座高 26 厘米，长 14 厘米，宽 9 厘米   Height (with pedestal): 26cm; Length: 14cm; Width: 9cm

39　云台仙境

The Attic of Immortals above Clouds

崂山绿石
连座高 14 厘米，长 15 厘米，宽 10 厘米

Green Stone from Mt. Lao
Height (with pedestal): 14cm; Length: 15cm; Width: 10cm

40 碧山如醉 An Intoxicating Green Mountain

崂山绿石
连座高 41 厘米，长 15 厘米，宽 13 厘米

Green Stone from Mt. Lao
Height (with pedestal): 41cm; Length: 15cm; Width: 13cm

41

无题

崂山绿石
连座高 27 厘米，长 11 厘米，宽 7 厘米

Untitled

Green Stone from Mt. Lao
Height (with pedestal): 27cm; Length: 11cm; Width: 7cm

冰晶峰

An Ice Crystal Peak

宣石
连座高 39 厘米，长 16 厘米，宽 13 厘米

Xuan Stone
Height (with pedestal): 39cm; Length: 16cm; Width: 13cm

43 一花独放　　　　　　　　　　　　The Only Bloom

菊花石
连座高 20 厘米，长 18 厘米，宽 8 厘米

Chrysanthemum Stone
Height (with pedestal): 20cm; Length: 18cm; Width: 8cm

独秀峰

Outstanding

九龙壁石
连座高 45 厘米，长 18 厘米，宽 18 厘米

Jiulongbi Stone
Height (with pedestal): 45cm; Length: 18cm; Width: 18cm

石贡

A Tribute Stone

黄蜡石
连座高 17 厘米，长 32 厘米，宽 18 厘米

Yellow Wax Stone
Height (with pedestal): 17cm; Length: 32cm; Width: 18cm

墨玉飞瀑

A Waterfall on the Black Jade Hill

燕山黑石
连座高 5 厘米，长 12 厘米，宽 4 厘米

Black Stone from Mt. Yan
Height (with pedestal): 5cm; Length: 12cm; Width: 4cm

47 小岱岳

Little Dai Mountain

燕山黑石
连座高 7 厘米，长 18 厘米，宽 5 厘米

Black Stone from Mt. Yan
Height (with pedestal): 7cm; Length: 18cm; Width: 5cm

小山子

A Miniature Mountain

燕山黑石
连座高 4.5 厘米，长 9.1 厘米，宽 3.5 厘米

Black Stone from Mt. Yan
Height (with pedestal): 4.5cm; Length: 9.1cm; Width: 3.5cm

49 **米芾拜石**

石种不详
连座高 15 厘米，长 11 厘米，宽 6 厘米

Mi Fu Bows to a Rock

Unspecified Type of Stone
Height (with pedestal): 15cm; Length: 11cm; Width: 6cm

50 孔子峰

A Peak that Looks like Confucius

石种不详
连座高 52 厘米，长 28 厘米，宽 17 厘米

Unspecified Type of Stone
Height (with pedestal): 52cm; Length: 28cm; Width: 17cm

51 **雪浪石**

石种不详
连座高 18 厘米，长 23 厘米，宽 10 厘米

A Snowy Wave Stone

Unspecified Type of Stone
Height (with pedestal): 18cm; Length: 23cm; Width: 10cm

五老奇峰

The Five Old Men Peak

寿山石
连座高 45 厘米，长 22 厘米，宽 13 厘米

Pagodite
Height (with pedestal): 45cm; Length: 22cm; Width: 13cm

随形洗

A Spontaneous-shaped Brush Washer

灵璧石
连座高 4.4 厘米，长 10.2 厘米，宽 6.3 厘米

Lingbi Stone
Height (with pedestal): 4.4cm; Length: 10.2cm; Width: 6.3cm

54 小山子

A Miniature Mountain

太湖石
连座高 16.2 厘米，长 6.7 厘米，宽 5 厘米

Taihu Stone
Height (with pedestal): 16.2cm; Length: 6.7cm; Width: 5cm

小山子

A Miniature Mountain

英石
连座高 6 厘米，长 14.5 厘米，宽 5.9 厘米

Ying Stone
Height (with pedestal): 6cm; Length: 4.5cm; Width: 5.9cm

56　小山子

英石
连座高 4.2 厘米，长 6.7 厘米，宽 1.5 厘米

A Miniature Mountain

Ying Stone
Height (with pedestal): 4.2cm; Length: 6.7cm; Width: 1.5cm

57 小山子

A Miniature Mountain

昆石
连座高 4.4 厘米，长 3.5 厘米，宽 2.7 厘米

Kun Stone
Height (with pedestal): 4.4cm; Length: 3.5cm; Width: 2.7cm

58 小山子   A Miniature Mountain

昆石
连座高 10.1 厘米，长 5.6 厘米，宽 3.5 厘米

Kun Stone
Height (with pedestal): 10.1cm; Length: 5.6cm; Width: 3.5cm

小山子

黄蜡石
连座高 9.8cm，长 10.8cm，宽 5.7cm

A Miniature Mountain

Yellow Wax Stone
Height (with pedestal): 9.8cm; Length: 10.8cm; Width: 5.7cm

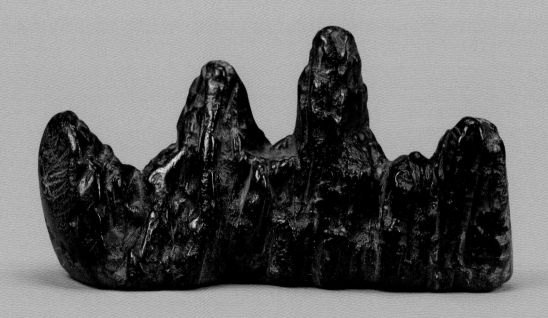

笔山

A Brush Stand in the Shape of a Mountain

黑石
高 4 厘米，长 8.3 厘米，宽 2.3 厘米

Black Stone
Height: 4cm; Length: 8.3cm; Width: 2.3cm

小山子

黑曜石
连座高 5.5 厘米，长 11.5 厘米，宽 3.8 厘米

A Miniature Mountain

Obsidian
Height (with pedestal): 5.5cm; Length: 11.5cm; Width: 3.8cm

62 小山子

石种不详
连座高 8.2 厘米，长 5.5 厘米，宽 3.2 厘米

A Miniature Mountain

Unspecified Type of Stone
Height (with pedestal): 8.2cm; Length: 5.5cm; Width: 3.2cm

模形范质 触类旁通
From Simulation to Association

施 远

Shi Yuan

对于具有艺术欣赏价值的石头，石界普遍冠以"赏石"之名。赏石大多以奇绝瑰怪的外型与秀特通灵的气质为胜，人们又普遍爱用"奇石""灵石"这类称呼。西方人倾向于将中国传统赏石划分为文人石（scholars' rocks）和园林石两类。这种划分，因分类标准与定名原则的不统一，留下了隐患，实际上许多园林石亦完全反映着文人的趣味。由于 scholars' rocks 已成为西方对中国文人书斋赏石的通称，似也没有修正的必要，不过在使用于中文环境时却需要格外慎重，译为"文人石"远不如译为"文房石"得其本意。胡可敏女士坚持用"供石"这个中文词汇来命名其捐赠的这批收藏，反映了她对中国文人书斋赏石从形制、体量到功能、特质的整体关照。

"供石"者，清供之石也，其名大约来自于苏轼诗文中的"石供"一语。苏诗《予昔作壶中九华诗其后八年复过湖口则石已为好事者取去乃和前韵以自解云》中有"赖有铜盆修石供，仇池玉色自璁珑"，其下自注中又有"以怪石供佛印师，作《怪石供》篇"云云。《怪石供》《后怪石供》这两篇短文，收在《苏轼文集》的"杂著二十七首"中。这大概是"供""石"二字连用的最著名的例子了，虽未明言"供石"，而"以石供"之石，自然就是"供石"了。

《说文》说"供"有两个意思，一个是陈设，"设也"，一个是"供给"。这两个意思，一个说形式，一个指内涵，是一件事情的两个方面，一开始都和祭祀活动有关。后来的"供奉""供养"一路发展下来,在供给、奉养、献纳的事情上非常讲究有布陈设置的样子。以石供禅师,便是用石头供养僧伽。禅师受供后,置于案头玩赏,此石遂成供石。至于文人在书斋中陈设的石头,其所供养的对象,自然是一颗熔铸万象的文心了。

既说到文心可以熔铸万象,便知这颗心并不必然拘泥于石之形质,而可以缥缈乎神韵气象之间。胡可敏女士捐赠的这批"供石"之中,有些并非一般意义上的赏石,有些则并不是石,却正可以很好得说明文人玩石之趣的斑斓与赏石之心的寥廓,一如当年东坡居士对齐安江中小石子与登州海岛彩石的钟爱,亦未必输于"壶中九华"或仇池石这类玲珑奇巧的赏石"典型"。

目前公认文人赏石之开始成为风气,是在唐代。从牛僧孺、李德裕、白居易的园林建设雅事和唐诗中大量咏石诗歌可以判断,当时文人关注的重点是园林石。这是自西汉梁孝王筑"逸园"叠石为山以来的治园传统。只是与帝王贵胄之家的豪奢不同,文人士大夫以其各自的经济实力与审美眼光置石,逐渐能从一滴水中看出一个世界,"三峰具体小,应是华山孙"(白居易《太湖石》诗),为后来文房供石观的树立,做好了美学上的准备。

赏石之风一旦树立,其形态、质地、肌理即获得抽象的美学价值,可以脱离石头的本体而映射于他物。"好石乃乐山之意"(《云林石谱》孔传序),具有山形与石式之美的"山子",诸如玉、铜、陶、木之类,唐宋时

唐 山形玉嵌件
长 17.7 厘米、高 9.3 厘米
北京市丰台区王佐乡唐史思明墓出土
北京市文物研究所藏

唐 三彩釉陶山池
高 18 厘米、宽 16 厘米
1959 年陕西省西安市西郊中堡村唐墓出土
陕西历史博物馆藏

期已广泛得到世人的欣赏，其后流衍不绝而种类益多。如果说文房供石与园林赏石的审美还属于比较纯粹的文人之好，种种或天然或人工的类石清供则因其奇巧的特性与多样化的质地，广泛地属于不同社会身份与阶层的人群。在这里，我用"类石清供"这个词，指示所有文房供石典型石种以外的矿物质、有机质类的石形清供和案头摆件。

　　受限于采掘之艰与转输之难，作为天然物的供石一直十分稀有，利用各种工艺手段满足人们对供石的喜好无疑是行之有效的办法。无论是惟妙惟肖地再现石头之美，还是充分拓展自身材质与工艺的特性，林林总总的类石清供都是文房供石文化中不可或缺的同气连枝。在胡可敏女士的收藏中，这些类石清供与各色古石一道，形成为诠释中国传统文房供石审美的完整载体。

　　不过这里面有个微妙之处十分有趣，即，类石清供的源头，未必来自于对近似体量案头供石的模拟，而很可能是对大型园林石甚至自然山峦的模拟，是工艺美术领域雕刻艺术的产物。举几个有代表性的例子：北京丰台史思明墓出土唐代墨玉山形嵌件，正面雕刻成五峰山形。唐墓还出有三彩釉陶山子与山池，后者更被认为是砚山的造型起源。作为明器，三彩釉陶山子、山池与杯、盘、盒等其他器具是对真实器物的拷贝不同，而和人物、骆驼、马匹一样，是实物的缩小模型。五代后蜀孙汉韶墓亦出土有陶制假

明嘉靖 红釉笔山
高5.8厘米、长13.5厘米、宽6厘米
故宫博物院藏

山石。这种对园林石和自然山峦的模拟雕刻品，在工艺上为后来类石清供作了技术上的准备，特别是其中的玉山子与陶瓷山子，可说是渊源有自。

玉、水晶、玛瑙一类宝玉石材料与陶瓷材料制作的山子，是通过人工造型的手段来实现对山石的摹写。不论这种摹写是写实的，还是经过抽象化和装饰化的，都以人的创意与技艺为之，材料仅仅作为材料而使用，存其文质而另铸新形。雕金、漆木类的石形陈设，也属此类。

奇木清供则与之完全不同，它是一种介乎于天工与人力之间的存在。木是植物，与石这种无生命之物似乎迥不相同，但作为文人欣赏对象的奇木，却是因其与山、与石形神相通而受到青睐的。《商书·洪范》说，"木曰曲直"，意为木之本性是曲直变化而条达生发的，这是有生命的木。一但成为枯木，水洗沙激，抛筋露骨，可谓木性尽失而石性遂成。苏洵《木假山记》中说，"其最幸者漂沈汨没于湍沙之间，不知其几百年，而其激射啮食之余，或仿佛于山者，则为好事者取去，强之以为山"，说的就是这个事。其效果，自然也就是"宛彼小山，巉然可欣，如太华之倚天，像小孤之插云"（苏轼《沉香山子赋》），与石山子并无二致了。为什么说它是天工与人力之间的存在呢，那是因为大都还要经历一番"雕锼"之工，才能成就其"通脱"之形。[1]铜渣山子是另一种类型的天工与人力之间的存在。铜是人力冶金的成果，铜渣山子则有如中国画里的大泼墨，又好似美国艺术家勃洛克"行动画法"中的滴洒喷溅的颜料，种种造型与意象的生成，虽是出人意表却能得其环中。

以灵璧、太湖、昆、英所谓"四大名石"为代表，文房清供所取典型

<hr>

1 （宋）·祝穆《方舆胜览》卷之三十八"广西路·静江府·山川"之"隐山"条下有注曰：……余名其最巧一峰曰沉香，大略似雕锼通脱沉香山子也。

的赏石品种大凡以"瘦、透、漏、皱"等形态取胜的，多系石灰岩和砂岩。以色泽鲜美、纹理错综和质地细润知名的，则以叶腊石、蛇纹石和大理岩属的各地奇石为代表。而像绿松石、孔雀石、青金石、朱砂、雄黄等矿物，本来是用作雕刻和镶嵌的材料，或是制作颜料与药物的原料，但如果其原矿石造型美观，也能够直接充作文房之供。周密《癸辛杂识》云：小回回国数百里间玉山相照映，碧淀子（绿松石）率高数尺。近人章鸿钊《琉璃厂观宝玉记》记其曾见孔雀石山子"高二尺许广一尺余者，盛以紫檀之座。蕴以锦绣之函，其形嵌空而奇特，层累而直上，如天成岩岫之一角者。然叩其价，云值银一千二百圆"[2]。确实，这些巨大的原矿石价值昂贵，气氛奢华，往往为豪家所喜而不甚入文房清赏。只有那些形制小巧而造型、肌理别有情趣的小件矿石，才适合作为书案上的点缀。Richard Roseblum 在研究中国赏石时，敏锐地察觉人们对石头色彩的喜好，有着从沉静素雅向浓重华美的演变。清代中期以降，人们对原矿石的造型美更表现出浓厚的兴趣，以至完全用欣赏供石的眼光去打量它们了。

基于自然宝物形态之美的欣赏而产生的收藏行为，远比赏石来得早。著名的石崇、王恺斗富的故事中，石崇用铁如意将晋武帝赐给王恺二尺高"枝柯扶疏，世罕其比"的珊瑚树击碎后，向王恺展示自己丰富的收藏，与被击碎珊瑚水平相当的"甚众"，更"有三尺四尺，条干绝世，光彩溢目者六七枚"。魏晋人文觉醒时期，对竹根树瘿的自然美已有体悟，珊瑚和金玉犀象同属珍宝，对其形态的审美也呈现出追求自然美的一面，但似乎还没有留意于赏石。也只有到了宋代，赏石才真正厕身珍玩之列，得到文人士大夫普遍的追捧。爱石成癖的米芾留下了书法名迹《珊瑚帖》，其中夸赞自己收藏的珊瑚笔架，想来在他的眼里，珊瑚也好、石头也好，只要是美的，都是心头之爱吧。爱石之人看珊瑚，就是在看特殊的石头，因此胡可敏女士的收藏中也见有珊瑚的身影，便十分自然。作为艺术博物馆的上海博物馆在接受捐赠时，没有挑选真正的珊瑚，而是选择了一件木雕彩漆珊瑚盆景。因为我们觉得，未经雕凿的珊瑚树，形态再美，终究适合陈列在自然博物馆中。同为天然物，珊瑚树与已充分沉淀了人文内核的赏石有很大的不同，毕竟，不是所有美丽的矿石标本，都可以成为文房清供。

2　章鸿钊《石雅》上编"玉类第三卷"。

63 天然树根摆件

清
连座高 62 厘米，长 25 厘米，宽 16 厘米

A Natural Wood Root

Qing Dynasty
Height (with pedestal): 62cm; Length: 25cm; Width: 16cm

64 瘿木山子

清
连座高 30 厘米，长 24 厘米，宽 22 厘米

A Gall Wood Miniature Mountain

Qing Dynasty
Height (with pedestal): 30cm; Length: 24cm; Width: 22cm

65 彩漆木雕珊瑚摆件

A Piece of Painted Wood Looks Like Coral

近代
高 43 厘米，长 20 厘米，宽 14 厘米

Modern China
Height: 43cm; Length: 20cm; Width: 14cm

素三彩瓷山子

清
连座高 21 厘米，长 19 厘米，宽 6 厘米

66

A Famille Verte Porcelain Miniature Mountain

Qing Dynasty
Height (with pedestal): 21cm; Length: 19cm; Width: 6cm

67 "太秀华" 紫砂山子

清
连座高 40 厘米，长 14 厘米，宽 10 厘米

A Boccaro Miniature Mountain: Too Beauteous

Qing Dynasty
Height (with pedestal): 40cm; Length: 14cm; Width: 10cm

"金山神韵" 黄釉陶山子

A Yellow-Glazed Earthen Miniature Mountain: The Charm of the Gold Mountain

清
连座高 49 厘米，长 24 厘米，宽 25 厘米

Qing Dynasty
Height (with pedestal): 49cm; Length: 24cm; Width: 25cm

铜渣山子

清
连座高 34 厘米，长 18 厘米，宽 9 厘米

A Copper Dregs Miniature Mountain

Qing Dynasty
Height (with pedestal): 34cm; Length: 18cm; Width: 9cm

铜渣小山子

A Copper Dregs Miniature Mountain

清
连座高 8.2 厘米，长 11 厘米，宽 7.6 厘米

Qing Dynasty
Height (with pedestal): 8.2cm; Length: 11cm; Width: 7.6cm

71 绿玉小山子

连座高 7.5 厘米，长 9.5 厘米，宽 5.3 厘米

An Olive Green Jade Miniature Mountain

Height (with pedestal): 7.5cm; Length: 9.5cm; Width: 5.3cm

72 青玉小山子

连座高 9 厘米，长 7.5 厘米，宽 2.6 厘米

A Green Jade Miniature Mountain

Height (with pedestal): 9cm; Length: 7.5cm; Width: 2.6cm

73 青玉笔山

明
连座高 2.7 厘米，长 8.1 厘米，宽 2.4 厘米

A Green Jade Brush Stand in the Shape of a Mountain

Ming Dynasty
Height (with pedestal): 2.7cm; Length: 8.1cm; Width: 2.4cm

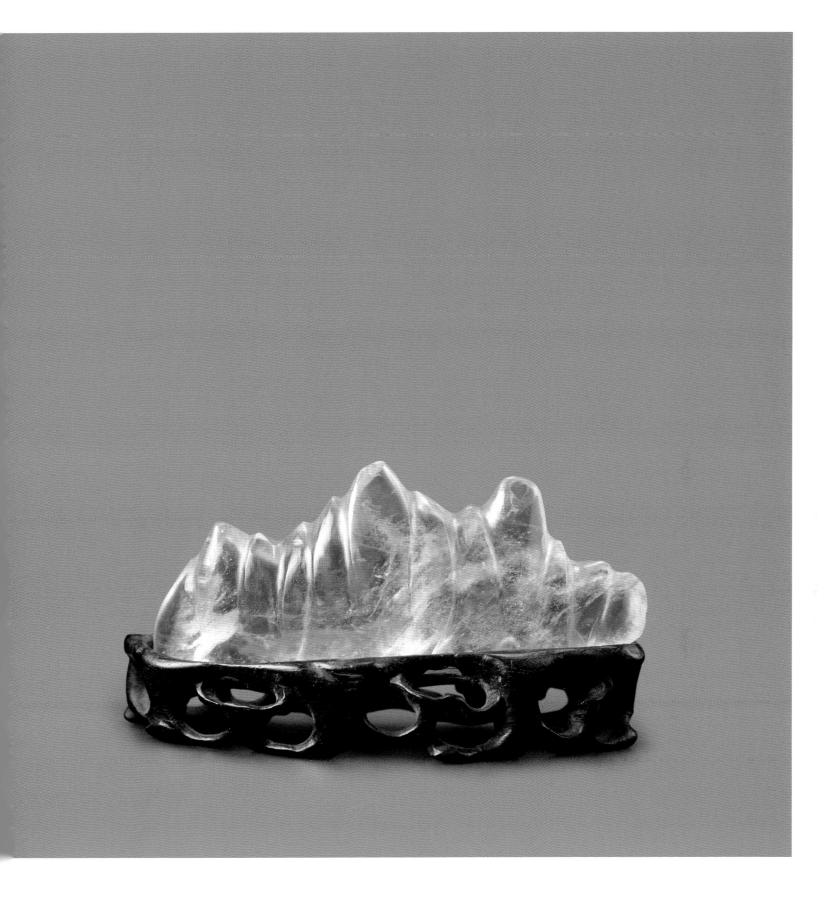

74 水晶笔山

A Crystal Brush Stand in the Shape of a Mountain

清
连座高 3.3 厘米，长 7.4 厘米，宽 2.5 厘米

Qing Dynasty
Height (with pedestal): 3.3cm; Length: 7.4cm; Width: 2.5cm

孔雀石小山子

A Malachite Miniature Mountain

连座高 9 厘米，长 9.8 厘米，宽 4.5 厘米

Height (with pedestal): 9cm; Length: 9.8cm; Width: 4.5cm

76　孔雀石小山子

A Malachite Miniature Mountain

连座高 5.4 厘米，长 3.1 厘米，宽 3 厘米

Height (with pedestal): 5.4cm; Length: 3.1cm; Width: 3cm

77 砖雕秋山图笔山

A Brick Brush Stand Carved with Autumn Mountain Image

清
连座高 5.5 厘米，长 11 厘米，宽 5 厘米

Qing Dynasty
Height (with pedestal): 5.5cm; Length: 11cm; Width: 5cm

天然木笔山

A Special Wood Brush Stand in the Shape of a Mountain

清
连座高 7 厘米，长 12.2 厘米，宽 4.8 厘米

Qing Dynasty
Height (with pedestal): 7cm; Length: 12.2cm; Width: 4.8cm

Table of Illustrations

图版目录

图 1《世界中的世界》，哈佛大学艺术博物馆出版 1997

捐赠后记
墙内红花墙外香
Fragrance beyond the Wall: A Postscript

胡可敏

Hu Kemin

在西方，大家称中国供石为文人石。也有人称波士顿是文人石在美国的首都。因为美国最大的文人石收藏家 Richard Rosenblum 与学者 Robert D. Mowry 都住在波士顿附近。Richard Rosenblum 是一位雕塑家。20 世纪 70 年代，他的一位朋友从苏州带回了一张"冠云峰"的照片，他立刻被吸引住了，从此开始了他长达二十年的文人石收藏。Robert D. Mowry 是哈佛大学赛克勒博物馆的馆长，他对中国文化颇有研究，学生时代就在他老师处了解了中国供石，理解中国供石的文人情怀。在他的组织下，许多西方中国艺术方面的专家学者为这批收藏撰写了文章，他本人也对这批收藏做了深入研究。1997 年，世界上第一本研究中国文人石的学术文集问世。伴随着纽约亚洲协会、哈佛大学赛克勒博物馆、波士顿艺术美术馆、西雅图艺术博物馆、凤凰城艺术博物馆、耶鲁大学美术馆，还有瑞士苏黎世美术馆和德国柏林东亚艺术馆等地的展出，中国供石所到之处引起了很大反响。文人石的悠久历史，崇尚自然的哲理与人文情怀，一下子吸引了西方艺术界。《世界中的世界》（图 1）一版、二版共 10000 册，早已一售而空。哈佛大学为展出举办的中国文人石研讨会，吸引了西方各国的中国艺术专家学者。

Richard Rosenblum 有着艺术家的敏感，加上他特有的灵性与执着，使他在中国文人石的收藏中有许多体会与想法，我摘录他文章《一个艺术家的收藏》中的几段与大家分享：

特定的艺术品对我们产生的感染力是难以界定的，但是，对于我这样一个艺术家来说，其艺术力量总是和我的工作相关。文人石对我的雕塑有直接的影响，并最终改变了我的作品。它们的吸引人之处部分地在于它们是一个谜，很像现代抽象的雕塑。我曾经想，现代百科全书式的图书馆和现代艺术世界曾努力接纳和包容一切艺术，为什么这些图书馆和艺术世界如此彻底地和无法解释地将文人石拒之门外？

文人石因放置方式而得到改变，拿走底座，文人石还原为自然物体。把它放回到

图 2《怪石》芝加哥美术馆出版 1999

图 3 20 世纪 30 年代《素园石谱》在美国翻译稿（私人收藏）

座子上，它又从石头变成了艺术品。

我认为，这一思想最有力地体现在那些孔孔相扣的石头里，我称这些石头为"无穷式石头"。这些孔的大小与通向不同，给人的感觉是在一个有限的物体中不断变化的无限的世界。改变，而不是小型化，是《世界中的世界》的魔力关键所在。

在美国，同时期还有两位很有影响力的中国文人石收藏家。一位是住在旧金山的企业家 Ian Wilsen，其收藏主要来自于一位旅日的美国收藏家 David Kidd。文人石是西方对供石的通称，而他喜欢用"灵石"这个称呼。他说西方的研究虽然客观、科学，但缺少像中国艺术对精神方面的探讨。1999 年，他的收藏曾在芝加哥美术馆展出。他收藏的石头不单单追求美，更追求"灵"与"朴"。用 Ian Wilsen 的话说："这些石头含有精神力量的精华。"芝加哥美术馆亚洲艺术部为此出版了一本很有中国味的图录《怪石》（图 2）。

另一位文人石收藏家是大家熟知的中国画家王己千。王老毕生爱石、藏石、画石。他说西方画家将人体作模特儿，作为山水画家，石头是他的模特儿。我一直记得他对我说的一句话："有画意的石头就是好石头。"在他晚年，基本上不画画，但还是留下了几幅石画。

这一波的文人石风虽然起于 20 世纪 90 年代末，但其实在 30 年代在美国就有艺术家对中国石头感兴趣。艺术家 Walter Beeks 在他筹建纽约上州 185 英亩的 Innisfree Garden（这座中国式的花园至今仍免费向公众开放）时曾将中国明代的《素园石谱》译成英文，这些翻译原件由他的一个学生保存着。（图 3）

1961 年，加州伯克利大学教授 Edward H·Shafer 出版

图 4 百石供石收藏展

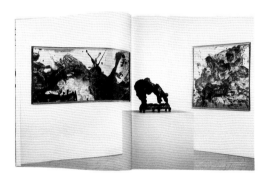

图 5 奥地利画家的画与石同展

了一本英文版的杜绾的《云林石谱》。

1985 年，纽约华美协会举办了一次石展。这应该是近代美国第一次石展，当时华美协会的会长是中国书画收藏家翁万戈先生。他在展览图录的前言中写道："没有石头就没有中国山水画，没有中国园林的设计。"当初展览的题目是"能量之精华，地球之骨骼"。现加州圣克鲁斯大学教授 Dr.John Hay 为此展写的文章很有见地，深入地介绍了东方文人爱石、崇石、颂石、画石的情怀。

1995 年，英国著名的东方艺术公司 Sedney L. Moss Ltd. 举办了颇具规模的中国供石与日本水石展销，并出版了一本对后人很有指导意义的图录《当人类与山峰相遇》。因为存世的古石不多，这样的展销机会日后很难遇到了。

1997 年，"世界中的世界"展出后，西方社会对中国文人石的研究又上了一层楼。学术界、艺术界对中国文人石的兴趣、热情持续高涨。

1998 年，一方来自中国的 3 米多高的太湖石竖立在波士顿艺术博物馆前，这是西方艺术殿堂对"自然作品"的认可。此石由 Richard Rosenblum 挑选，由波士顿艺术博物馆亚洲艺术之友捐赠。

2000 年，纽约大都会博物馆举办了"文人石的世界：园林、书房与山水画"展览，又一次引发了对文人石的探讨。当时 Richard Rosenblum 已经去世，但他生前参加了此展的筹备工作，他捐赠给大都会博物馆的文人石至今在博物馆轮展。

2002 年，在纽约斯坦顿中国花园举办了我的供石收藏百石展，原定展期为三个月，后因反响很好，延长到了六个月。(图 4)

2010 年，奥地利 ESSL 博物馆为纪念著名画家 Max Weller 的百年诞辰，举办了他的画展，同时展出中国供石。因他生前曾说，他的画风受到了中国石头的影响。(图 5)

2012 年，在巴黎吉美博物馆举办了中国艺术家曾小君的供石收

图 6 德国 Hass Loch 石馆

藏，这是继 Richard Rosenblum 后又一次在西方举办的大型石展。展览很成功，吉美博物馆出版了图录《微妙玄通：中国艺术之石境》。

2016 年，德国收藏家 Richard Sang 生前向家乡 Hass Loch 捐赠了十万欧元以建造文化中心，并将他以中国供石为主的收藏（也有部分日本水石）捐赠给该文化中心建立石馆。这是欧洲第一个石馆。他生前曾两次来波士顿与我交谈，老人的执着和对石的热爱深深地打动了我。（图 6）

2017 年，在美国威廉与玛丽学院，Musearell 博物馆举办了 Robert Turrene 供石收藏的展览，举办的讲座座无虚席。

虽然东西方文化有不同，但是许多西方学者与艺术家对石头的热爱与中国爱石者的是相通的。美国哲学家、自然主义者、诗人 Henry David Thoreau（1817-1862）曾写道："大自然中最佳雕塑工具不是铜，不是铁，而是空气与水，他们日复一日，年复一年，悠闲自在地作用于石头，最后成就了鬼斧神工的作品。"他的体会与中国爱石者是那样的相像，难得的是他用富有哲理的语句感性地用英文表达出来。他在西方有很高的声望，这一段话常常会被刻在许多被水冲刷后的自然景观旁。我在美国看到过一次，在新西兰南部也看到过。

中国文人石的抽象性给许多西方艺术家以启发，并提供了很大的创作空间。我经常会

图 7 Brice Marden 的画

图 8 "云"系列雕塑 Ugo Rondinone 芝加哥艺术馆收藏

收到西方艺术家受中国文人石影响后的创作作品，有玻璃制品、有金属、有树根的……

当代美国艺术家中有两位较有名望的艺术家与中国文人石有着不解的因缘：

Brice Marden，一位当代颇有影响的艺术家。2006 年，在纽约现代博物馆举办了他的"Plane Image"个展。在出版图录时，前来要我提供苏州"冠云峰"的照片。与 Richard Rosenblum 一样，Brice Marden 在一次苏州行中，看到了兼具"瘦、皱、漏、透"四美的"冠云峰"。他说就在看到此峰的那一刻，马上理解了为什么中国人对此石充满敬意，为什么要称其为"灵石"。Brice Marden 将在"冠云峰"中领悟到的能量与气流表现在他的作品中，线条收放自如，简单但很有内涵，如同文人石。（图 7）

Ugo Rondinane 是一位瑞士出生的旅美雕塑家与画家，其作品创意十足，而且很是高产，曾经在上海办过个展。他文人石系列的作品受到很多人的关注，并在欧美许多地方展出。其中"云"系列的作品由芝加哥美术馆收藏。（图 8）

在西方对中国文人石有兴趣的不仅是艺术界，学术界也增加了对文人石的研究。我收到德国汉堡大学的电子邮件，他们想以我书上的一幅"米芾拜石"来作为他们学术报告的封面，希望能征得许可。2019年，英国牛津大学出版的百科全书增版，要加上中国园林石与文人石一节，我很荣幸地为此节写上了1000字左右的短文。许多学东方艺术的硕士生、博士生，将文人石作为他们研究课题。我常常会收到一些电子邮件，希望我提供一些帮助。其中一位西班牙的博士生Evaristo Caliano，他的博士论文是关于西班牙当地一种类似中国太湖石的石头，他特地来参加我的供石研讨会，并将他的博士论文寄我以表达谢意。（图9）

用中国人常说的"墙内红花墙外香"来形容源自中国的供石在西方绽放、结果，一点也不为过。供石是中国人的"品牌"。中国有热爱供石的历史，热爱供石的土壤、气候与养料，又有许多学者、文人、画家。我希望捐赠上海博物馆的这批供石的收藏、展出能使中国对供石的研究与探讨更上一层楼，使中国的供石之花在祖国更放异彩。

图9 西班牙美术博士的论文

展 览 主 办：上海博物馆

展 览 统 筹：杨志刚

展览内容策划：施　远

展 览 协 调：褚　馨　金靖之

陈 列 设 计：董卫平　袁启明

撰　　　　文：朱良志　胡可敏　施　远

资 料 整 理：仰　睿　周成慧

英 文 翻 译：朱绩崧　王梓诚

图 版 摄 影：薛皓冰

图书在版编目（CIP）数据

高斋隽友：胡可敏捐赠文房供石 / 上海博物馆编 . --
上海：上海书画出版社，2020.4
　ISBN 978-7-5479-2293-4

　Ⅰ . ①高… Ⅱ . ①上… Ⅲ . ①观赏型 - 石 - 鉴赏 - 中国
Ⅳ . ① TS933.21

中国版本图书馆 CIP 数据核字 (2020) 第 048319 号

高斋隽友

胡可敏捐赠文房供石

上海博物馆　编

主　　编：杨志刚
责任编辑：王　彬　陈　凌
编　　辑：张思宇
审　　读：雍　琦
整体设计：袁银昌
设计排版：李　静　胡　斌
技术编辑：包赛明　盛　况

出版发行　上海世纪出版集团
　　　　　上海书画出版社
地　　址　上海市延安西路 593 号　200050
网　　址　www.ewen.co
　　　　　www.shshuhua.com
E-mail　　shcpph@163.com
印　　刷　上海雅昌艺术印刷有限公司
经　　销　各地新华书店
开　　本　635×965　1/8
印　　张　29
版　　次　2020 年 4 月第 1 版　2020 年 4 月第 1 次印刷
印　　数　1-1,700

书　　号　ISBN 978-7-5479-2293-4
定　　价　350.00 元